"十三五"职业教育国家规划教材

职业教育 烹饪专业 教材

蛋糕裱花教程

主　编　李　玲

副主编　韩天龙　梁宇媚

参　编　王许旺　陈培添　李康节　何悦腾

重庆大学出版社

内容提要

本书根据专业建设需要，以全新的视角审视蛋糕裱花技艺的精髓，采用"以项目为引领，以任务为中心，以典型产品为载体"的项目编写方法，用图片的形式将工艺流程一一展示出来，注重基本功的实战训练，剖析了蛋糕裱花的重点和难点。

本书是以实践应用为主旨，分为蛋糕裱花的基础知识、裱花基本功练习、常见花边的裱法、常用花卉的裱法、卡通蛋糕、象形蛋糕、场景蛋糕、其他类蛋糕、巧克力配件、蛋糕类、杏仁膏、十二生肖12个项目。本书适合职业学校烹饪专业学生使用，也适合对蛋糕裱花有兴趣爱好的初学者使用。

图书在版编目（CIP）数据

蛋糕裱花教程 / 李玲主编. -- 重庆：重庆大学出版社，2018.5（2021.12重印）
职业教育烹饪专业教材
ISBN 978-7-5689-1250-1

Ⅰ.①蛋… Ⅱ.①李… Ⅲ.①蛋糕—糕点加工—中等专业学校—教材 Ⅳ.①TS213.23

中国版本图书馆CIP数据核字（2018）第159426号

职业教育烹饪专业教材
蛋糕裱花教程
主　编　李　玲
副主编　韩天龙　梁宇媚
策划编辑：沈　静
责任编辑：陈　力　秦　燕　　版式设计：沈　静
责任校对：谢　芳　　　　　　责任印制：张　策
*
重庆大学出版社出版发行
出版人：饶帮华
社址：重庆市沙坪坝区大学城西路21号
邮编：401331
电话：（023）88617190　88617185（中小学）
传真：（023）88617186　88617166
网址：http://www.cqup.com.cn
邮箱：fxk@cqup.com.cn（营销中心）
全国新华书店经销
重庆升光电力印务有限公司印刷
*
开本：787mm×1092mm　1/16　印张：9　字数：225千
2018年5月第1版　　2021年12月第5次印刷
印数：11 001—14 000
ISBN 978-7-5689-1250-1　定价：39.00元

前　言

西点种类繁多、美味可口，不仅营养丰富，造型讲究，而且给人一种艺术享受，越来越受到人们的喜爱。蛋糕裱花作为西点制作的一部分，装饰出各式美丽图案及形象生动的画面，集味觉美、色彩美和造型美于每一款蛋糕之中，让人赏心悦目。目前，针对蛋糕裱花这一门课程的教材及专业性书籍偏少。为此，我们紧贴市场发展，系统整理了蛋糕裱花的相关知识编写本书，作为职业教育烹饪专业的教材，也为蛋糕裱花专业人士及爱好者提供拓展学习的读物。

本书以实践应用为宗旨，不仅涵盖了最基础的入门知识，还详细介绍了每个步骤的具体制作方法。内容丰富实用，紧跟时代发展，与实践紧密联系。书中配有精美操作步骤图片，对每一款蛋糕裱花进行详细介绍和说明，力求使制作方法简单易懂。

本书分为蛋糕裱花的基础知识、裱花基本功练习、常见花边的裱法、常见花卉的裱法、卡通蛋糕、象形蛋糕、场景蛋糕、其他类蛋糕、巧克力配件、蛋糕类、杏仁膏、十二生肖12个项目。本书注重基础知识的灌输和基本功的实际操作，循序渐进，从基本的手法训练开始，从易到难逐步提升。在每个实践操作步骤中，以展示细节步骤的图片为主，配合生动的文字讲解，进行直观展示。

本书的一大亮点是编入了第45届世界技能大赛广东省选拔赛的比赛品种"整形蛋糕""杏仁膏"以及现阶段流行的"千层蛋糕"等项目，力求做到与时代接轨。

本书由广东省茂名市交通高级技工学校李玲担任主编，广东省环保技工学校韩天龙、广东省茂名市交通高级技工学校梁宇媚担任副主编，广东省茂名市交通高级技工学校王许旺、陈培添、李康节、何悦腾参与编写工作。本书可作为职业学校烹饪专业、食品专业和餐饮管理专业教学用书。

在本书的编写过程中，参考了相关著作、教材和其他文献，得到了重庆大学出版社的大力支持，在此一并表示感谢。

由于时间仓促，加上水平有限，书中不妥之处在所难免，敬请同行专家、读者批评指正，以便进一步修订完善。

编　者
2018年3月

Contents
目　录

项目1　蛋糕裱花的基础知识

任务1　蛋糕裱花常用的设备及用途 ·· 3
任务2　蛋糕裱花常用的工具及用途 ·· 6
任务3　主要裱花工具的使用方法 ·· 15
任务4　鲜奶油知识 ·· 33
任务5　鲜奶油（植脂奶油）的打发及操作环境 ··· 34
任务6　色彩在蛋糕裱花中的运用 ·· 35

项目2　裱花基本功练习

任务1　植脂奶油的打发 ·· 37
任务2　动物奶油（淡奶油）的打发 ·· 39
任务3　抹直角胚训练 ··· 41
任务4　抹圆角胚的训练 ·· 44

项目3　常见花边的裱法

任务1　齿形花嘴（星嘴）花边的练习 ·· 47
任务2　排花嘴花边的练习 ··· 50
任务3　特殊花嘴花边的练习 ·· 53
任务4　扁口花嘴花边的练习 ·· 55
任务5　制作花边的注意事项及技术要领 ··· 56

项目4　常见花卉的裱法

任务1　玫瑰花训练 ·· 57
任务2　康乃馨花训练 ··· 59
任务3　百合花训练 ·· 61
任务4　大丽花训练 ·· 63
任务5　圆圈花训练 ·· 65
任务6　山茶花训练 ·· 67
任务7　菊花训练 ··· 69

项目5 卡通蛋糕

任务1 机器猫 ⋯⋯⋯⋯⋯⋯⋯⋯⋯⋯⋯⋯⋯⋯⋯⋯⋯⋯⋯⋯⋯⋯⋯ 72

任务2 兔子 ⋯⋯⋯⋯⋯⋯⋯⋯⋯⋯⋯⋯⋯⋯⋯⋯⋯⋯⋯⋯⋯⋯⋯⋯⋯ 75

项目6 象形蛋糕

任务1 小汽车 ⋯⋯⋯⋯⋯⋯⋯⋯⋯⋯⋯⋯⋯⋯⋯⋯⋯⋯⋯⋯⋯⋯⋯⋯ 78

任务2 小女孩 ⋯⋯⋯⋯⋯⋯⋯⋯⋯⋯⋯⋯⋯⋯⋯⋯⋯⋯⋯⋯⋯⋯⋯⋯ 79

任务3 寿桃蛋糕 ⋯⋯⋯⋯⋯⋯⋯⋯⋯⋯⋯⋯⋯⋯⋯⋯⋯⋯⋯⋯⋯⋯⋯ 81

项目7 场景蛋糕

任务1 彩虹蛋糕 ⋯⋯⋯⋯⋯⋯⋯⋯⋯⋯⋯⋯⋯⋯⋯⋯⋯⋯⋯⋯⋯⋯⋯ 83

任务2 蜘蛛侠 ⋯⋯⋯⋯⋯⋯⋯⋯⋯⋯⋯⋯⋯⋯⋯⋯⋯⋯⋯⋯⋯⋯⋯⋯ 85

项目8 其他类蛋糕

任务1 芭比蛋糕 ⋯⋯⋯⋯⋯⋯⋯⋯⋯⋯⋯⋯⋯⋯⋯⋯⋯⋯⋯⋯⋯⋯⋯ 87

任务2 花篮蛋糕 ⋯⋯⋯⋯⋯⋯⋯⋯⋯⋯⋯⋯⋯⋯⋯⋯⋯⋯⋯⋯⋯⋯⋯ 89

项目9 巧克力配件

任务1 认识巧克力 ⋯⋯⋯⋯⋯⋯⋯⋯⋯⋯⋯⋯⋯⋯⋯⋯⋯⋯⋯⋯⋯⋯ 93

任务2 巧克力棒 ⋯⋯⋯⋯⋯⋯⋯⋯⋯⋯⋯⋯⋯⋯⋯⋯⋯⋯⋯⋯⋯⋯⋯ 94

任务3 巧克力玫瑰花瓣 ⋯⋯⋯⋯⋯⋯⋯⋯⋯⋯⋯⋯⋯⋯⋯⋯⋯⋯⋯ 96

任务4 巧克力花 ⋯⋯⋯⋯⋯⋯⋯⋯⋯⋯⋯⋯⋯⋯⋯⋯⋯⋯⋯⋯⋯⋯⋯ 97

任务5 巧克力围边 ⋯⋯⋯⋯⋯⋯⋯⋯⋯⋯⋯⋯⋯⋯⋯⋯⋯⋯⋯⋯⋯⋯ 99

任务6 制作巧克力配件的注意事项及技术要领 ⋯⋯⋯⋯⋯⋯⋯ 101

项目10 蛋糕类

任务1 戚风蛋糕胚 ⋯⋯⋯⋯⋯⋯⋯⋯⋯⋯⋯⋯⋯⋯⋯⋯⋯⋯⋯⋯⋯ 102

任务2 整形蛋糕（慕斯蛋糕） ⋯⋯⋯⋯⋯⋯⋯⋯⋯⋯⋯⋯⋯⋯⋯ 104

任务3 千层蛋糕 ⋯⋯⋯⋯⋯⋯⋯⋯⋯⋯⋯⋯⋯⋯⋯⋯⋯⋯⋯⋯⋯⋯⋯ 105

项目11 杏仁膏

任务1 杏仁膏 ⋯⋯⋯⋯⋯⋯⋯⋯⋯⋯⋯⋯⋯⋯⋯⋯⋯⋯⋯⋯⋯⋯⋯⋯ 108

项目12 十二生肖

任务1 鼠 ⋯⋯⋯⋯⋯⋯⋯⋯⋯⋯⋯⋯⋯⋯⋯⋯⋯⋯⋯⋯⋯⋯⋯⋯⋯⋯⋯ 111

任务2 牛 ⋯⋯⋯⋯⋯⋯⋯⋯⋯⋯⋯⋯⋯⋯⋯⋯⋯⋯⋯⋯⋯⋯⋯⋯⋯⋯⋯ 113

任务3 虎 ⋯⋯⋯⋯⋯⋯⋯⋯⋯⋯⋯⋯⋯⋯⋯⋯⋯⋯⋯⋯⋯⋯⋯⋯⋯⋯⋯ 115

任务4　兔 ··· 117

任务5　龙 ··· 119

任务6　蛇 ··· 121

任务7　马 ··· 123

任务8　羊 ··· 125

任务9　猴 ··· 127

任务10　鸡 ··· 129

任务11　狗 ··· 131

任务12　猪 ··· 133

任务13　裱动物的注意事项及技术要领 ··· 135

参考文献 ··· 136

蛋糕裱花的基础知识

图1.1 花卉蛋糕

图1.2 芭比蛋糕

图1.3 花卉蛋糕

蛋糕裱花是蛋糕装饰的一种手段，它以鲜奶油、果酱、巧克力、蛋糕插件、蛋糕摆件、水果、鲜花等为装饰材料，结合饮食文化和艺术对蛋糕进行设计、布局、装饰、绘画。

1.设计

对初学者来说，想要拥有设计的能力，首先要懂得蛋糕裱花装饰的基本制作步骤。蛋糕裱花的基本步骤包括：①原材料；②工具；③基础构成；④配色；⑤表现手法。

装饰设计者不仅需要对原材料有所了解，而且还需要熟练掌握工具的性能，提高自己的技艺。有了技艺，还需要一个平台，这个平台就是基础构成。色彩的运用也非常重要，初学者掌握色调的意象和配比，合理运用，灵活搭配。挤、喷、抹、画、雕、涂、淋等都是蛋糕装饰的技巧手法，欧式、传统、花卉、卡通等都是表现的形式，仿真、抽象、卡通、自然等都是体现的方式。

通过设计，确立了蛋糕造型的主题、主导色彩和色调，选定了适宜的原材料、表现内容及手法，便可进入造型的布局阶段。

2. 布局

布局是蛋糕设计最重要的一环，须把握分寸，掌握全局。布局首先要根据蛋糕的外形：直角形、圆形、心形、弧形、方形、异形等构造方式的不同，以平面搭配立体的方式作为想要表现的对象，其中直角形和圆形是蛋糕装饰的常用方式。

整体中的每一个局部都有一个小的外形和呼应，由局部组成整体就产生了大的外形，也就是整款蛋糕的造型，外形布局应讲究曲直对比、方圆结合、虚实相生以及开合变化统一关系；一款蛋糕无论描绘的东西有多少，都要经过制作者精心搭配，形成一个组合关系。组合时，要考虑形式上的合拍，还要考虑组合的趣味性。我们将布局分为以下4个方式：①对称式；②呼应式；③对比式；④合围式。比如挤两只鸟，对称式就是要两者大小相同，方式一样为好。呼应式就以一静一动和一正一侧有藏有露才好。但对比式就要一大一小相得益彰才够好。而因为合围式的特点则是主题突出，结构严谨，所以只有一只鸟。

整体是衡量一款蛋糕在布局上是否成熟的重要标志，它要求把蛋糕的各局部组成一个有机的统一体，要求在统一中求变化，在变化中求统一，两者相呼应，通体联络。在一个有机的整体关系中，小局部总是服从整体的要求，所谓"极工细而不谦烦琐，极率意而不谦脱逻"，讲究的是多而不乱，少而不空的设计效果，最忌讳局部闹独立，各不相顾，达不到整体效果。在少数蛋糕布局时往往有小的搭配问题（多出现在呼应式和合围式中），比如搭配一些糖珠。虽然它在整款蛋糕上占的比重较少，却体现了裱花师的修养和处理蛋糕布局呼应关系的能力。一款装饰规整的蛋糕要有松有紧才会错落有致，而且整体布局紧凑，小的局部结构严谨，其造型才会完整。

3. 装饰

装饰是蛋糕裱花重要的一个环节，蛋糕的精致程度反映了裱花师功底的深厚。蛋糕上的花朵、生肖、卡通动物、巧克力装饰、水果切法、杏仁膏的捏塑、吊线、花边、写字等都是表现一个师傅的装饰技艺。比如花朵要符合花的开放规律：花心部分、绽放部分、开放部分都要充分体现出来。每个花瓣要清晰、飘逸，还要把花朵与奶油的软硬质结合起来才能做得更好。

由于裱花蛋糕的种类较多，本书中以3种主要手法作为分类标准：①制作手法；②装饰类别；③感情造型。根据西饼店的销售习惯再结合上述分类方法，裱花蛋糕制作手法分为4大类：①造型类：包括花饰、卡通、欧式、陶艺等；②感情类：包括情人、祝福、婚礼、乔迁、商务、派对等；③生活类：节日、祝寿、儿童、情趣等；④基础类：生日装饰类。

蛋糕装饰首先要明确蛋糕的用途，即送给什么样的人，可以分别以花朵、生肖、卡通动物及色彩等来确定主题。例如：以花朵为基础的主题渲染，玫瑰代表纯洁的爱；百合代表百年好合、事事如意；山茶花代表重情重义；水仙花代表清秀脱俗；蝴蝶兰代表我爱你；郁金香代表爱的告白；菊花代表高洁、长寿；大丽花代表大吉大利；跳舞兰代表青春活力等。以动物为主题渲染：生肖可以衬托出生日人的主题；卡通动物对"六一"儿童节就更有主题吸引力了。此外还有其他装饰，如在蛋糕上做上车辆造型送给一位爱车的人，制作一个足球送给一个踢足球的人，等等。当然一个蛋糕表面的空间有限，只要能把意思表达出来也就可以了。千万别以为东西越多主题就越鲜明，这样反而会变得画蛇添足。

4. 绘画

蛋糕裱花旨在体现自然界的美，突出和夸张自然界的美，它是集写生、变化、理想升华于一体的设计艺术，绘画的本质是"视觉艺术"，利用点、线、面这些基本元素统一构成。绘画常常应用于卡通蛋糕、3D手绘刺绣蛋糕中，绘画水平的高低与蛋糕裱花有着重要联系，有美术功底的人创造能力是较强的，因此学习蛋糕裱花更能得心应手。

任务1 蛋糕裱花常用的设备及用途

认识了解设备工具及用途，对学习西点食品蛋糕是必要的，设备的种类、工具的种类较多，其功能、性能也不尽相同，品牌和质量的不同对蛋糕工艺都存在一定的影响，了解认识和掌握工具设备的种类、功能、性能是学习蛋糕装饰基础知识的一部分。

1.1.1 烤箱

①烤箱又称烤炉、烘炉，分为电热烤箱和燃气烤箱两类。在价格方面，燃气烤箱比电热烤箱贵大约一倍，不同的规格按放置标准大小（60 cm × 40 cm）的烤盘数量和烤箱的层数来分类。小型的有一层一盘、一层两盘烤箱；中型的有两层四盘、两层六盘、三层六盘烤箱；大型的有三层九盘烤箱以及大型热风旋转炉等。家庭小型烘焙坊，一般用一层一盘、一层两盘规格就够了；小中型企业用两层四盘、三层六盘规格；大型企业用三层九盘烤箱以及大型热风旋转炉。常用的是三层六盘规格，如图1.4、图1.5所示。

②用途：用于烘烤蛋糕胚、面包、饼干等。

图1.4 三层六盘电热烤箱

图1.5 三层六盘燃气烤箱

1.1.2 不锈钢案板台

①不锈钢案板台有单通道两门、双通道两门、双层、三层等，如图1.6、图1.7所示。

②用途：用于练习蛋糕裱花、制作面包等。

图1.6　单通道两门案板台

图1.7　三层不锈钢案板台

1.1.3　冷藏工作台

①冷藏工作台分为大理石面和不锈钢冷藏工作台，如图1.8、图1.9所示。

②用途：用于巧克力制作、慕斯蛋糕制作等。

图1.8　大理石面冷藏工作台

图1.9　不锈钢冷藏工作台

1.1.4　卧式冰箱

①卧式冰箱分为双门单温冷藏冷冻转换柜台和双门双温冷藏冷冻双用柜，如图1.10、图1.11所示。

②用途：用于保存鲜奶油、蛋糕胚、巧克力等。

图1.10　双门单温冷藏冷冻转换柜台

图1.11　双门双温冷藏冷冻双用柜

1.1.5　搅拌机

①搅拌机分为大型搅拌机（10 L、15 L、20 L、30 L等规格）和鲜奶油搅拌机（5 L、7 L等规格），如图1.12、图1.13所示。

②用途：用于打发蛋白面糊、打发鲜奶油等。

图1.12　大型搅拌机　　　　图1.13　鲜奶油搅拌机

1.1.6　空调机

①空调机分为壁挂式和立式两种，如图1.14、图1.15所示。
②用途：制造适宜的环境，便于鲜奶油的操作。

图1.14　壁挂式空调机　　　　图1.15　立式空调机

1.1.7　工衣柜

①工衣柜分为12门、18门和24门等，如图1.16、图1.17、图1.18所示。
②用途：便于存放工作服及当天更换的衣物和个人物品。

图1.16　12门工衣柜　　　图1.17　18门工衣柜　　　图1.18　24门工衣柜

1.1.8 蛋糕展示柜

①蛋糕展示柜分为直角形和圆弧形，如图1.19、图1.20所示。

②用途：用于保鲜蛋糕、展示蛋糕、冷藏蛋糕等。

图1.19　直角形蛋糕展示柜　　　　图1.20　圆弧形蛋糕展示柜

任务2　蛋糕裱花常用的工具及用途

1.2.1　裱花台

①裱花台也称蛋糕转台，是蛋糕裱花的必备工具。常用的有铝合金、塑钢、玻璃、塑料4种材质，一般多用直径为28～30 cm的规格，如图1.21—图1.24所示。

②用途：转动蛋糕，方便裱花。

图1.21　铝合金裱花台　　图1.22　塑钢裱花台　　图1.23　玻璃裱花台　　图1.24　塑料裱花台

1.2.2　裱花嘴

①裱花嘴是蛋糕裱花的必备工具，分为大、中、小3种规格；花嘴有24头、30头、48头、60头花嘴，如图1.25、图1.26所示。

②用途：花嘴形式多种多样，可以裱各种花卉、花边、植物、动物、人物等。

图1.25 24头全套裱花嘴

图1.26 48头全套裱花嘴

1.2.3 裱花棒

①裱花棒为铝合金材质，双头可用，一般规格为13.5 cm×2.5 cm，如图1.27所示。
②用途：用于裱各种花卉，可以配合糯米托使用，如图1.28所示。

图1.27 裱花棒

图1.28 裱花棒配合糯米托

1.2.4 裱花托

①裱花托也称糯米托，由糯米和玉米淀粉制作而成，配合裱花棒使用，如图1.29所示。
②用途：奶油裱花底托，固定花型。

图1.29 裱花托

1.2.5 裱花袋

①裱花袋分为大、中、小号3种规格，可以单独使用，也可以配合裱花嘴使用，如图

1.30所示。

②用途：裱花袋主要用于结合花嘴、盛装奶油，通过手的握力，可使奶油通过花嘴挤出，用于蛋糕表面装饰造型，也可以用来盛装果膏，在蛋糕表面淋面装饰等。

图1.30　裱花袋

1.2.6　抹刀

①抹刀也称吻刀，刀身由304不锈钢材质制成，分为直刀和曲刀两款，一般为6寸、8寸、10寸、12寸4种规格，如图1.31所示。

②用途：用于抹平蛋糕胚的奶油、制作巧克力配件的调温等。

图1.31　抹刀

1.2.7　铲刀

①铲刀有平口铲刀、斜口铲刀两款，如图1.32所示。

②用途：多用来制作拉糖造型及巧克力之用，可以铲巧克力花瓣、巧克力花、巧克力棒等。

图1.32　铲刀

1.2.8　橡胶刮刀

①橡胶刮刀有大、中、小3种规格，如图1.33所示。

②用途：用于奶油、蛋液、面糊的搅拌，如图1.34所示。

图1.33　橡胶刮刀

图1.34　奶油、蛋液、面糊的搅拌

1.2.9　刮片

①刮片一般可分为欧式刮片和普通刮片。欧式刮片可分为细齿刮片类、粗齿类，普通刮片为平口类、三角形类刮片，如图1.35所示。

②用途：主要用来制作手拉坯蛋糕款式和面饰刮图，方便快捷。

图1.35　各种样式的刮板

1.2.10　剪刀

①剪刀的制作材料有铝合金、不锈钢等材质，如图1.36所示。

②用途：将裱花成品移至蛋糕上。

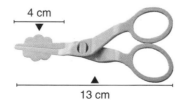
图1.36　铝合金材质的剪刀

9

1.2.11　粉筛

①粉筛的制作材料有不锈钢、塑料材质，如图1.37、图1.38所示。
②用途：筛面粉、糖粉、过滤等。

图1.37　不锈钢60目粉筛　　　　图1.38　塑料50目粉筛

附：粉筛目数与孔径的展示与参考，如图1.39所示；粉筛目数用途参考，如图1.40所示。

目　数	孔径/mm	目　数	孔径/mm	目　数	孔径/mm
2目	12.5	45目	0.4	220目	0.065
3目	8	50目	0.355	240目	0.063
4目	6	55目	0.315	250目	0.061
5目	5	60目	0.28	280目	0.055
6目	4	65目	0.25	300目	0.050
8目	3	70目	0.224	320目	0.045
10目	2	75目	0.2	325目	0.043
12目	1.6	80目	0.18	340目	0.041
14目	1.43	90目	0.16	360目	0.040
16目	1.25	100目	0.154	400目	0.038 5
18目	1	110目	0.15	500目	0.030 8
20目	0.9	120目	0.125	600目	0.026
24目	0.8	130目	0.112	800目	0.022
26目	0.71	140目	0.105	900目	0.020
28目	0.68	150目	0.100	1 000目	0.015
30目	0.6	160目	0.096	1 800目	0.010
32目	0.58	180目	0.09	2 000目	0.008
35目	0.50	190目	0.08	2 300目	0.005
40目	0.45	200目	0.074	2 800目	0.003

图1.39　粉筛目数与孔径的展示与参考

五谷颗粒类

黑豆5目　红豆5目　黄豆6目　薏米8目　绿豆10目　荞麦12目　大米12~14目

黑米14目　糙米14目　燕麦仁14目　决明子16目　玉米碎16目

芝麻24目　小米24目

粉末类

炸鸡裹粉10~30目　玉米粉30目　杏仁粉30~40目　五谷杂粮30~40目

中药粉一般为60目，粗一点40目　口服60~80目　细中药面膜100~120目

面粉50~60目　肠粉60目　三七粉80~100目　珍珠粉120~150目

松花粉80~120目　咖啡粉100~120目

液体类

过滤豆浆、蜂蜜60~120目　过滤药渣、汤渣、茶叶水80~150目

其他类

黄粉虫产卵筛12目　虫粪筛30目　猫砂30~40目　蝴蝶面50目　花椒6目

辣椒籽8~10目　沙画80~120目　食用油、机械油渣150~200目

图1.40　粉筛目数用途参考图

1.2.12　不锈钢蛋糕刀

①不锈钢蛋糕刀有平口、粗齿、细齿3种类型。平刀可用来切割糕坯，也可用来抹坯，粗齿刀口用来制作奶油面装饰纹理，细锯齿刀主要用来切割糕坯，如图1.41、图1.42、图1.43所示。

②用途：分蛋糕胚、切吐司面包、切慕斯蛋糕等。

图1.41　平刀口适合切慕斯蛋糕　　图1.42　粗齿刀口适合切吐司面包　　图1.43　细齿刀口适合分蛋糕胚

1.2.13　不锈钢盆

①不锈钢盆有不锈钢普通款、防滑硅胶垫款，如图1.44、图1.45所示。

②用途：搅拌食材、打蛋、盛装奶油等。

图1.44 不锈钢普通款　　　　图1.45 防滑硅胶垫款

1.2.14 蛋糕模具

①蛋糕模具有圆形阳极活底和不锈钢活底、书本蛋糕模具、芭比娃娃蛋糕模具、足球蛋糕模具等，如图1.46—图1.49所示。

②用途：盛装戚风蛋糕、慕斯蛋糕、芝士蛋糕、海绵蛋糕、乳酪蛋糕等。

图1.46 圆形阳极活底和　　图1.47 书本蛋糕模具　　图1.48 芭比娃娃　　图1.49 足球蛋糕模具
　　　　不锈钢活底　　　　　　　　　　　　　　　　　　蛋糕模具

附：圆形阳极活底和不锈钢活底尺寸示意图，如图1.50所示。

尺寸对照表

单位：英寸

4寸：上直径11.5 cm×高4.5 cm×下直径9.50 cm ⎤
5寸：上直径14 cm×高6.2 cm×下直径11.7 cm ⎬ 迷你款：推荐35 L烤箱使用
6寸：上直径17.2 cm×高6.8 cm×下直径14.7 cm ⎦

7寸：上直径19.7 cm×高7.2 cm×下直径17.3 cm ⎤
8寸：上直径22.5 cm×高7.3 cm×下直径19.8 cm ⎬ 推荐42 L烤箱使用
9寸：上直径25 cm×高7.4 cm×下直径22.3 cm ⎦

10寸：上直径27.5 cm×高7.8 cm×下直径25 cm ⎤
12寸：上直径32 cm×高7.8 cm×下直径30 cm ⎬ 推荐50 L烤箱使用

14寸：上直径37.5 cm×高7.8 cm×下直径35 cm ⎤
16寸：上直径42.5 cm×高7.8 cm×下直径40 cm ⎬ 推荐60 L烤箱使用

图1.50 圆形阳极活底和不锈钢活底尺寸示意图

1.2.15　假体蛋糕胚

①假体蛋糕胚有直角胚、圆角胚、心形胚、方形胚等，如图1.51—图1.54所示。

②用途：抹胚、蛋糕裱花等基本功练习。

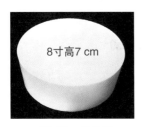

图1.51　直角胚

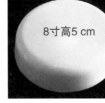

图1.52　圆角胚

图1.53　心形胚

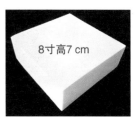

图1.54　方形胚

1.2.16　火枪

①火枪的火焰温度可达到1 300 ℃，火焰温度和大小可以调节，并且全自动点火，火枪如图1.55所示。

②用途：用于慕斯蛋糕脱模、陶艺蛋糕裱花的造型。

图1.55　火枪

1.2.17　量杯

①量杯有塑料、玻璃、陶瓷等材质，其中，塑料量杯如图1.56所示。

②用途：用来量取液体等。

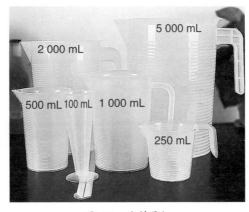

图1.56　塑料量杯

1.2.18　手动打蛋器

①手动打蛋器又称为蛋抽，有多种规格，如图1.57—图1.60所示。

②用途：搅拌面糊、巧克力等。

图1.57　不锈钢手动打蛋器

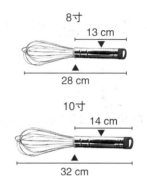

8寸
13 cm
28 cm

10寸
14 cm
32 cm

图1.58　各种规格手动打蛋器示意图

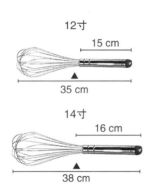

12寸
15 cm
35 cm

14寸
16 cm
38 cm

图1.59　各种规格手动打蛋器示意图

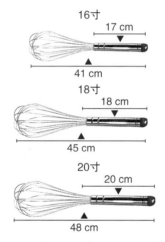

16寸
17 cm
41 cm

18寸
18 cm
45 cm

20寸
20 cm
48 cm

图1.60　各种规格手动打蛋器示意图

1.2.19　秤称

①秤有弹簧秤和精确到克的电子称，如图1.61、图1.62所示。

②用途：称量各种食品材料。

图1.61　弹簧秤

图1.62　精确到克的电子称

1.2.20 色素

①色素有国产色素和进口色素，如图1.63、图1.64所示。

②用途：用于蛋糕裱花的调色等。

图1.63　国产色素　　　　图1.64　美国进口色素

1.2.21 凉网

①凉网有商业型和家庭型，如图1.65、图1.66所示。

②用途：冷却蛋糕、饼干、点心等。

图1.65　60 cm×40 cm商业型凉网　　　图1.66　41 cm×25 cm家庭型凉网

任务3　主要裱花工具的使用方法

1.3.1 裱花嘴的使用方法

花嘴的制作方式为冲压成形，质量稳定，边口整齐；卷焊成形，质量不稳定，其工艺效果也存在很大区别。裱花嘴按类别可分为6类，按型号可分为小、中、大3种型号。

1）按类别分类

裱花嘴按类别分类可分为下述6类。

（1）圆口花嘴

①大小不一，用于制作各种圆点造型、线条造型、动物身体和四肢等，也可以用于写

15

字。其中较大口径的圆口花嘴还可用于制作马卡龙身。

②圆口花嘴对应的效果图，如图1.67所示。

③圆口花嘴在蛋糕裱花的实例应用如图1.68—图1.73所示。

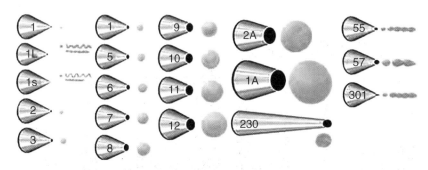

图1.67　圆口花嘴

图1.68　小黄人蛋糕

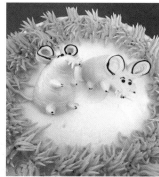

图1.69　动物蛋糕

图1.70　芭比蛋糕

图1.71　芭比泡泡浴蛋糕

图1.72　彩虹蛋糕

图1.73　皇冠蛋糕

（2）齿形花嘴

①齿形花嘴也称星嘴，是比较常见的裱花嘴，可分为细齿型、粗齿型、尖齿型、不规则型等，根据齿形的大小不同可以裱出各种花边及造型。例如，绳索、星星、贝壳、波浪花纹、芭比蛋糕裙摆造型等。

②齿形花嘴对应的效果图如图1.74所示。

③齿形花嘴在蛋糕裱花的实例应用如图1.75—图1.80所示。

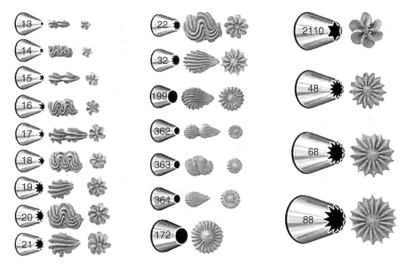

图1.74　齿形花嘴

图1.75　彩虹蛋糕

图1.76　小汽车蛋糕

图1.77　小女孩蛋糕

图1.78　女孩蛋糕

图1.79　芭比蛋糕

图1.80　玫瑰花结蛋糕

（3）扁口花嘴

①扁口花嘴又称花瓣裱花嘴，可制作各种形状和大小不同的花瓣、各种不同花朵、芭比蛋糕裙摆造型等。

②扁口花嘴对应的效果图如图1.81所示。

③扁口花嘴在蛋糕裱花的实例应用如图1.82—图1.87所示。

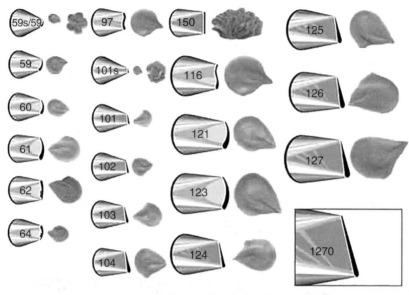

图1.81　扁口花嘴

图1.82　花卉蛋糕1　　　　　　图1.83　花卉蛋糕2　　　　　　图1.84　花卉蛋糕3

图1.85　裸蛋糕　　　　　　　图1.86　花卉蛋糕4　　　　　　图1.87　芭比蛋糕

（4）叶形花嘴

①叶形花嘴用于制作花边和各种样式的叶子造型，配合花瓣造型，可呈现出惟妙惟肖的效果，也可用于制作百合花，芭比蛋糕裙摆造型等。

②叶形花嘴对应的效果图如图1.88所示。

③叶形花嘴在蛋糕裱花的实例应用如图1.89—图1.94所示。

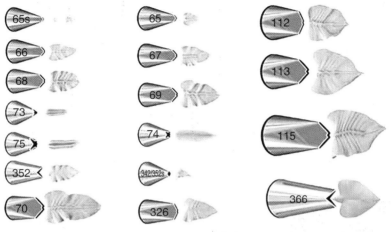

图1.88　叶形花嘴

图1.89　花卉蛋糕1

图1.90　寿桃蛋糕

图1.91　芭比蛋糕

图1.92　花卉蛋糕2

图1.93　祝寿蛋糕

图1.94　花卉蛋糕3

（5）平口花嘴、排花嘴、半排花嘴

①平口花嘴、排花嘴、半排花嘴可以用来制作花边、花篮和栏栅。

②平口花嘴、排花嘴、半排花嘴对应的效果图如图1.95所示。

③平口花嘴在蛋糕裱花的实例应用如图1.96—图1.101所示。

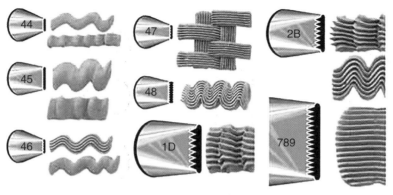

图1.95　平口花嘴、排花嘴、半排花嘴

图1.96　花篮蛋糕1

图1.97　花篮蛋糕2

图1.98　水果蛋糕1

图1.99　水果蛋糕2

图1.100　花卉蛋糕

图1.101　栗子蓉蛋糕

（6）特殊花嘴

①特殊花嘴是为制作一些特殊花型而设计的，例如蒙布朗花嘴（小草花嘴）、圣安娜花嘴（鱼花嘴）、樱花嘴、菊花嘴、荷花嘴、寿桃花嘴、康乃馨花嘴、俄罗斯花嘴、火炬花嘴（绣球花嘴）、芭比蛋糕裙摆花嘴等。

②特殊花嘴对应的效果图如图1.102、图1.103所示。

③特殊花嘴在蛋糕裱花的实例应用如图1.104—图1.109所示。

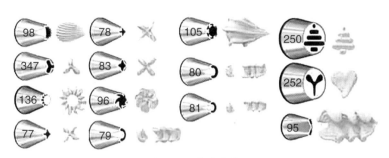

图1.102 特殊花嘴1

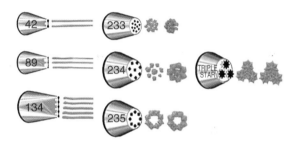

图1.103 特殊花嘴2

图1.104 动物蛋糕

图1.105 花卉蛋糕1

图1.106 花卉蛋糕2

图1.107 花卉蛋糕3

图1.108 菊花

图1.109 花卉蛋糕4

2）按型号分类

裱花嘴按型号可分为小、中、大号3种。

（1）小号裱花嘴的介绍

底径为1.5～1.7 cm，做出来的花型比较小，主要用于小尺寸的蛋糕裱花，或者用于细节处的点缀。例如：杯子蛋糕、6寸以下的蛋糕的裱花或者做线条、星星花等。小号裱花嘴1～39号如图1.110—图1.148所示。

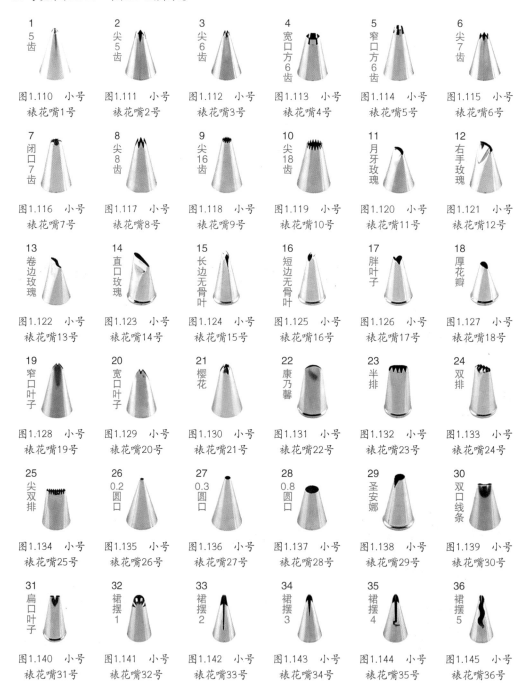

图1.110 小号裱花嘴1号　图1.111 小号裱花嘴2号　图1.112 小号裱花嘴3号　图1.113 小号裱花嘴4号　图1.114 小号裱花嘴5号　图1.115 小号裱花嘴6号

图1.116 小号裱花嘴7号　图1.117 小号裱花嘴8号　图1.118 小号裱花嘴9号　图1.119 小号裱花嘴10号　图1.120 小号裱花嘴11号　图1.121 小号裱花嘴12号

图1.122 小号裱花嘴13号　图1.123 小号裱花嘴14号　图1.124 小号裱花嘴15号　图1.125 小号裱花嘴16号　图1.126 小号裱花嘴17号　图1.127 小号裱花嘴18号

图1.128 小号裱花嘴19号　图1.129 小号裱花嘴20号　图1.130 小号裱花嘴21号　图1.131 小号裱花嘴22号　图1.132 小号裱花嘴23号　图1.133 小号裱花嘴24号

图1.134 小号裱花嘴25号　图1.135 小号裱花嘴26号　图1.136 小号裱花嘴27号　图1.137 小号裱花嘴28号　图1.138 小号裱花嘴29号　图1.139 小号裱花嘴30号

图1.140 小号裱花嘴31号　图1.141 小号裱花嘴32号　图1.142 小号裱花嘴33号　图1.143 小号裱花嘴34号　图1.144 小号裱花嘴35号　图1.145 小号裱花嘴36号

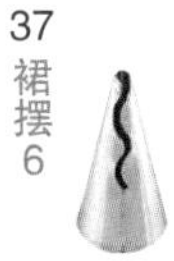

37
裙
摆
6

38
裙
摆
7

39
旋
6
齿

图1.146 小号
裱花嘴37号

图1.147 小号
裱花嘴38号

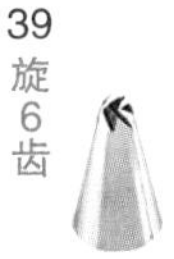

图1.148 小号
裱花嘴39号

（2）小号（1～39号）裱花嘴的应用

小号（1～39号）裱花嘴的实例图，如图1.149—图1.187所示。

1号

常用于制作
芭比蛋糕裙边、波浪
花纹

直径1.7 cm

高3.1 cm

图1.149 小号5齿
（1号裱花嘴）

2号

常用于制作
玫瑰花结、星星花、贝
壳花

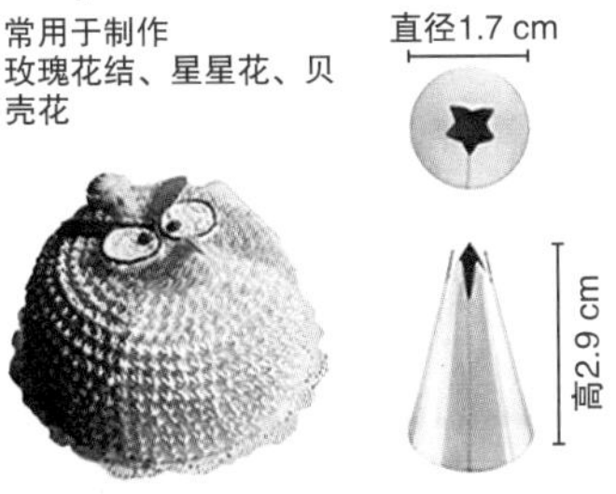

直径1.7 cm

高2.9 cm

图1.150 小号开口尖5齿
（2号裱花嘴）

3号

常用于制作
芭比蛋糕裙边、波浪花
纹、星星花、贝壳花

直径1.7 cm

高3.0 cm

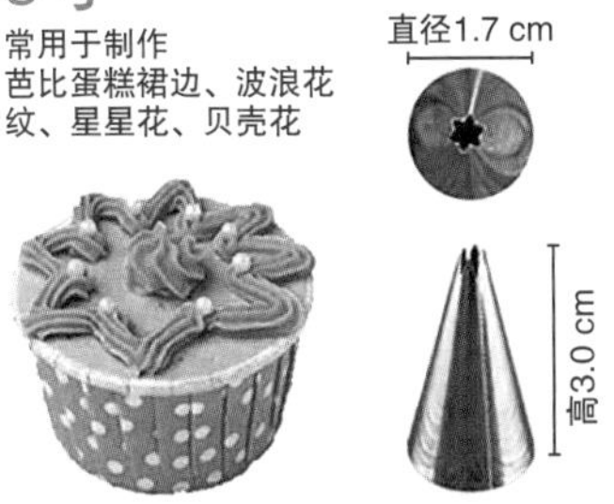

图1.151 小号尖6齿
（3号裱花嘴）

4号

常用于制作
芭比蛋糕裙边、波浪花
纹、星星花、贝壳花

直径1.7 cm

高2.8 cm

图1.152 小号宽方6齿
（4号裱花嘴）

5号

常用于制作
芭比蛋糕裙边、波浪花
纹、星星花、贝壳花

直径1.7 cm

高3.0 cm

图1.153 小号窄口方6齿
（5号裱花嘴）

6号

常用于制作
芭比蛋糕裙边、波浪花
纹、星星花、贝壳花

直径1.7 cm

高2.9 cm

图1.154 小号尖7齿
（6号裱花嘴）

7号

常用于制作
芭比蛋糕裙边、波浪花
纹、星星花、贝壳花

直径1.7 cm

高3.4 cm

图1.155 小号闭口7齿
（7号裱花嘴）

8号

常用于制作
芭比蛋糕裙边、波浪花
纹、星星花、贝壳花

直径1.7 cm

高3.5 cm

图1.156 小号尖8齿
（8号裱花嘴）

9号

常用于制作
芭比蛋糕裙边、波浪花
纹、星星花、贝壳花

直径1.7 cm

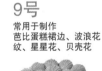

高3.5 cm

图1.157 小号尖16齿
（9号裱花嘴）

10号

常用于制作
芭比蛋糕裙边、波浪花
纹、星星花、贝壳花

直径1.7 cm

高2.8 cm

图1.158　小号尖18齿
（10号裱花嘴）

11号

常用于制作
芭比蛋糕裙边、波浪花
纹、花瓣玫瑰花等

直径1.7 cm

高2.5 cm

图1.159　小号月牙玫瑰
（11号裱花嘴）

12号

常用于制作
芭比蛋糕裙边、波浪花
纹、花瓣玫瑰花等

直径1.7 cm

高2.7 cm

图1.160　小号右手玫瑰
（12号裱花嘴）

13号

常用于制作
芭比蛋糕裙边、波浪花
纹、卷边花瓣玫瑰花等

直径1.7 cm

高3.0 cm

图1.161　小号卷边玫瑰
（13号裱花嘴）

14号

常用于制作
芭比蛋糕裙边、牵牛花、
水仙花瓣玫瑰花、五花
瓣、三色堇

直径1.7 cm

高3.0 cm

图1.162　小号直口玫瑰
（14号裱花嘴）

15号

常用于制作
芭比蛋糕裙边、蛋糕围
花边叶子形等

直径1.7 cm

高4.1 cm

图1.163　小号长边无骨叶
（15号裱花嘴）

16号

常用于制作
芭比蛋糕裙边、蛋糕围
花边叶子形等

直径1.7 cm

高4.0 cm

图1.164　小号短边无骨叶
（16号裱花嘴）

17号

常用于制作
芭比蛋糕裙边、多肉植
物蛋糕胖叶子形等

直径1.7 cm

高3.5 cm

图1.165　小号多肉胖叶子
（17号裱花嘴）

18号

常用于制作
多肉植物蛋糕花径、花
瓣厚边花瓣等

直径1.7 cm

高2.8 cm

图1.166　小号多肉厚边花瓣
（18号裱花嘴）

19号

常用于制作
芭比蛋糕裙边、小叶子
形、单个叶片、百合花

直径1.7 cm

高3.4 cm

图1.167　小号窄口叶子
（19号裱花嘴）

20号

常用于制作
芭比蛋糕围边、小叶子
形、单个叶片、百合花

直径1.7 cm

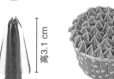

高3.1 cm

图1.168　小号宽边叶子
（20号裱花嘴）

21号

常用于制作
芭比蛋糕裙边褶皱、小
樱花四出星、小玫瑰花
结合点缀

直径1.7 cm

高3.5 cm

图1.169　小号樱花嘴
（21号裱花嘴）

22号

常用于制作
芭比蛋糕裙边褶皱、康
乃馨

直径1.7 cm

高3.4 cm

图1.170　小号康乃馨
（22号裱花嘴）

23号

常用于制作
芭比蛋糕裙边褶皱、杯
子蛋糕、编花篮等

直径1.7 cm

高3.7 cm

图1.171　小号半排嘴
（23号裱花嘴）

24号

常用于制作
芭比蛋糕裙边褶皱、杯
子蛋糕、编花篮等

直径1.7 cm

高3.7 cm

图1.172　小号双排嘴
（24号裱花嘴）

25号

常用于制作
芭比蛋糕裙边褶皱、杯子
蛋糕、编花篮等

直径1.7 cm

高2.7 cm

图1.173　小号尖双排嘴齿
（25号裱花嘴）

26号

常用于制作
蛋糕圆点、写字、珠子、
蕾丝花边、线条形等

直径1.7 cm

高2.7 cm

图1.174　小号0.2 cm圆口
（26号裱花嘴）

27号

常用于制作
蛋糕圆点、写字、珠
子、蕾丝花边、线条
形等

直径1.7 cm

高3.5 cm

图1.175　小号0.3 cm圆口
（27号裱花嘴）

28号

常用于制作
芭比泡泡浴蛋糕圆点、
珠子、动物造型、粗线
条形等

直径1.7 cm

高2.7 cm

图1.176　小号0.8 cm圆口
（28号裱花嘴）

29号

常用于制作
蛋糕围边、鱼形、饺子形

直径1.7 cm

高3.4 cm

图1.177　小号圣安娜嘴
（29号裱花嘴）

30号

常用于制作
蛋糕蕾丝围边、线条等

直径1.7 cm

高2.8 cm

图1.178　小号双口线条嘴
（30号裱花嘴）

31号

常用于制作
蛋糕围边波浪花纹、叶
子形等

直径1.7 cm

高3.5 cm

图1.179　小号扁口小叶子
（31号裱花嘴）

32号

常用于制作
蛋糕围边波浪花纹、芭
比蛋糕裙边

直径1.7 cm

高3.3 cm

图1.180　小号芭比裙摆1
（32号裱花嘴）

33号

常用于制作
蛋糕围边波浪花纹、芭
比蛋糕裙边

直径1.7 cm

高3.5 cm

图1.181　小号芭比裙摆2
（33号裱花嘴）

34号
常用于制作
蛋糕围边波浪花纹、芭
比蛋糕裙边

直径1.7 cm

高3.5 cm

图1.182　小号芭比裙摆3
（34号裱花嘴）

35号
常用于制作
蛋糕围边波浪花纹、芭
比蛋糕裙边

直径1.7 cm

高3.5 cm

图1.183　小号芭比裙摆4
（35号裱花嘴）

36号
常用于制作
蛋糕围边波浪花纹、芭
比蛋糕裙边

直径1.7 cm

高3.5 cm

图1.184　小号芭比裙摆5
（36号裱花嘴）

37号
常用于制作
蛋糕围边波浪花纹、芭
比蛋糕裙边

直径1.7 cm

高3.5 cm

图1.185　小号芭比裙摆6
（37号裱花嘴）

38号
常用于制作
蛋糕围边波浪花纹、芭
比蛋糕裙边

直径1.7 cm

高5.5 cm

图1.186　小号芭比裙摆7
（38号裱花嘴）

39号
常用于制作
芭比蛋糕裙边波浪花
纹、星星花、太阳花

直径1.8 cm

高2.8 cm

图1.187　小号旋6齿
（39号裱花嘴）

（3）中号（40～69号）裱花嘴的介绍

中号裱花嘴底径为1.8～2.1 cm，主要用于8寸以上的蛋糕裱花。中号裱花嘴40～69号如
图1.188—图1.217所示。

40
4
齿

图1.188　中号
裱花嘴40号

41
小口
5
齿

图1.189　中号
裱花嘴41号

42
大口
5
齿

图1.190　中号
裱花嘴42号

43
尖
6
齿

图1.191　中号
裱花嘴43号

44
小口
6
齿

图1.192　中号
裱花嘴44号

45
大口
8
齿

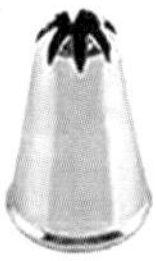

图1.193　中号
裱花嘴45号

46
小口
旋
8
齿

图1.194　中号
裱花嘴46号

47
小口
9
齿

图1.195　中号
裱花嘴47号

48
旋
9
齿

图1.196　中号
裱花嘴48号

49
尖
12
齿

图1.197　中号
裱花嘴49号

50
尖
18
齿

图1.198　中号
裱花嘴50号

51
0.5
圆
口

图1.199　中号
裱花嘴51号

52
0.5
圆
口

图1.200　中号
裱花嘴52号

53
1.0
圆
口

图1.201　中号
裱花嘴53号

54
寿
桃

图1.202　中号
裱花嘴54号

55
6齿
樱
花

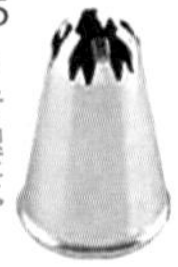

图1.203　中号
裱花嘴55号

56
双
排

图1.204　中号
裱花嘴56号

57
半
排

图1.205　中号
裱花嘴57号

58
弯半排

图1.206 中号
裱花嘴58号

59
花边

图1.207 中号
裱花嘴59号

60
菊花

图1.208 中号
裱花嘴60号

61
荷花

图1.209 中号
裱花嘴61号

62
康乃馨

图1.210 中号
裱花嘴62号

63
大口叶子

图1.211 中号
裱花嘴63号

64
尖叶子

图1.212 中号
裱花嘴64号

65
小口叶子

图1.213 中号
裱花嘴65号

66
小口直玫瑰

图1.214 中号
裱花嘴66号

67
直玫瑰

图1.215 中号
裱花嘴67号

68
右手玫瑰

图1.216 中号
裱花嘴68号

69
卷边玫瑰

图1.217 中号
裱花嘴69号

（4）中号（40～69号）裱花嘴的应用

中号（40～69号）裱花嘴的实例图如图1.218—图1.247所示。

40号

常用于制作
芭比裙边波浪花纹、
蛋糕围边、星星花、
贝壳花

直径2.0 cm

高3.7 cm

图1.218 中号4齿
（40号裱花嘴）

41号

常用于制作
芭比裙边波浪花纹、
蛋糕围边、星星花、
贝壳花

直径1.8 cm

高3.7 cm

图1.219 中号小口5齿
（41号裱花嘴）

42号

常用于制作
芭比裙边波浪花纹、
蛋糕围边、星星花、
贝壳花

直径2.0 cm

高3.6 cm

图1.220 中号大口5齿
（42号裱花嘴）

43号

常用于制作
芭比裙边波浪花纹、
蛋糕围边、星星花、
贝壳花

直径1.8 cm

高3.6 cm

图1.221 中号开口尖6齿
（43号裱花嘴）

44号

常用于制作
芭比裙边波浪花纹、
蛋糕围边、星星花、
贝壳花

直径1.9 cm

高3.6 cm

图1.222 中号小口6齿
（44号裱花嘴）

45号

常用于制作
芭比裙边波浪花纹、蛋
糕围边、星星花、贝壳
花、曲奇饼

直径2.1 cm

高3.6 cm

图1.223 中号大口8齿
（45号裱花嘴）

46号

常用于制作
芭比裙边波浪花纹、蛋
糕围边、星星花、贝壳
花、曲奇饼

直径2.1 cm

高3.5 cm

图1.224　中号旋8齿
（46号裱花嘴）

47号

常用于制作
芭比裙边波浪花纹、
蛋糕围边、星星花、
贝壳花

直径2.0 cm

高3.5 cm

图1.225　中号小口9齿
（47号裱花嘴）

48号

常用于制作
芭比裙边波浪花纹、
蛋糕围边、星星花、
贝壳花

直径2.0 cm

高3.5 cm

图1.226　中号小口旋9齿
（48号裱花嘴）

49号

常用于制作
芭比裙边波浪花纹、
蛋糕围边、星星花、
贝壳花

直径2.0 cm

高3.7 cm

图1.227　中号尖12齿
（49号裱花嘴）

50号

常用于制作
芭比裙边波浪花纹、蛋
糕围边、星星花、贝壳
花、杯子蛋糕

直径2.0 cm

高3.8 cm

图1.228　中号尖18齿
（50号裱花嘴）

51号

常用于制作
芭比泡泡浴、蛋糕围
边、小动物造型、圆
点、杯子蛋糕

直径2.0 cm

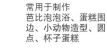

高3.8 cm

图1.229　中号0.5 cm圆口
（51号裱花嘴）

52号

常用于制作
芭比泡泡浴、蛋糕围
边、小动物造型、圆
点、杯子蛋糕

直径2.0 cm

高3.8 cm

图1.230　中号0.7 cm圆口
（52号裱花嘴）

53号

常用于制作
芭比泡泡浴、蛋糕围
边、小动物造型、圆
点、杯子蛋糕

直径2.2 cm

高3.8 cm

图1.231　中号1.0 cm圆口
（53号裱花嘴）

54号

常用于制作
芭比泡泡浴、蛋糕围
边、小动物造型、圆
点、杯子蛋糕

直径2.0 cm

高3.9 cm

图1.232　中号寿桃
（54号裱花嘴）

55号

常用于制作
蛋糕围花边、曲奇饼干、
樱花形、杯子蛋糕

直径2.0 cm

高3.6 cm

图1.233　中号6齿樱花
（55号裱花嘴）

56号

常用于制作
蛋糕围花边、编花篮、栅
栏、芭比蛋糕裙摆、杯子
蛋糕

直径2.0 cm

高3.4 cm

图1.234　中号双排齿
（56号裱花嘴）

57号

常用于制作
蛋糕围花边、编花篮、
栅栏、芭比蛋糕裙摆、
杯子蛋糕

直径2.0 cm

高3.7 cm

图1.235　中号单排齿
（57号裱花嘴）

58号

常用于制作
蛋糕围花边、编花篮、芭
比蛋糕裙摆、杯子蛋糕

直径2.0 cm

高3.7 cm

图1.236　中号弯半排齿
（58号裱花嘴）

59号

常用于制作
蛋糕围花边、小脚丫形、
芭比蛋糕裙摆、杯子蛋糕

直径2.0 cm

高3.7 cm

图1.237　中号花边嘴
（59号裱花嘴）

60号

常用于制作
蛋糕围花边、菊花、菊花
瓣、杯子蛋糕

直径2.0 cm

高3.7 cm

图1.238　中号菊花嘴
（60号裱花嘴）

61号

常用于制作
蛋糕围花边、荷花花瓣、
杯子蛋糕

直径2.0 cm

高3.7 cm

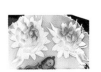

图1.239　中号荷花嘴
（61号裱花嘴）

62号

常用于制作
蛋糕围花边、康乃馨花
朵、杯子蛋糕

直径2.0 cm

高3.7 cm

图1.240　中号康乃馨嘴
（62号裱花嘴）

63号

常用于制作
蛋糕围花边、叶子形、
杯子蛋糕

直径2.0 cm

高3.7 cm

图1.241　中号大叶子嘴
（63号裱花嘴）

64号

常用于制作
蛋糕围花边、叶子形、杯
子蛋糕、多肉植物

直径2.0 cm

高3.7 cm

图1.242　中号尖叶子嘴
（64号裱花嘴）

65号

常用于制作
蛋糕围花边、叶子形、杯
子蛋糕、花瓣

直径2.0 cm

高3.7 cm

图1.243　中号小口叶子嘴
（65号裱花嘴）

66号

常用于制作
芭比蛋糕裙摆、水仙、牵
牛花、花瓣玫瑰花、五花
瓣、三色堇

直径2.0 cm

高3.7 cm

图1.244　中号小直口玫瑰嘴
（66号裱花嘴）

67号

常用于制作
芭比蛋糕裙摆、水仙花、
牵牛花、花瓣玫瑰花、五
花瓣、三色堇

直径2.0 cm

高3.7 cm

图1.245　中号直口玫瑰嘴
（67号裱花嘴）

68号

常用于制作
芭比蛋糕裙摆、水仙花、
牵牛、花瓣玫瑰花、五花
瓣、三色堇

直径2.0 cm

高3.7 cm

图1.246　中号右手玫瑰嘴
（68号裱花嘴）

69号

常用于制作
蛋糕围花边、花瓣、玫
瑰花、卷边花瓣玫瑰
花、杯子蛋糕

直径2.0 cm

高3.7 cm

图1.247　中号卷边玫瑰嘴
（69号裱花嘴）

（5）大号裱花嘴介绍

大号裱花嘴底径为2.2～2.4 cm，做出的花型较大，主要用于8寸以上的蛋糕裱花。大号裱花嘴70～83号如图1.248—图261所示。

70
小口6齿

71
小口8齿

72
旋8齿

73
10齿

74
1.3圆口

75
蒙布朗

| 图1.248 大号裱花嘴70号 | 图1.249 大号裱花嘴71号 | 图1.250 大号裱花嘴72号 | 图1.251 大号裱花嘴73号 | 图1.252 大号裱花嘴74号 | 图1.253 大号裱花嘴75号 |

76
圣安娜

77
菊花

78
窄菊花

79
寿桃

80
曲边玫瑰

81
直口玫瑰

| 图1.254 大号裱花嘴76号 | 图1.255 大号裱花嘴77号 | 图1.256 大号裱花嘴78号 | 图1.257 大号裱花嘴79号 | 图1.258 大号裱花嘴80号 | 图1.259 大号裱花嘴81号 |

82
左手玫瑰

83
右手玫瑰

图1.260 大号裱花嘴82号   图1.261 大号裱花嘴83号

（6）大号（70～83号）裱花嘴的应用

大号（70～83号）裱花嘴的实例图如图1.262—图1.275所示。

70号

常用于制作芭比蛋糕裙边、蛋糕花边、星星花、贝壳花

直径2.3 cm

高3.8 cm

图1.262 大号小口6齿
（70号裱花嘴）

71号

常用于制作芭比蛋糕裙边、蛋糕花边、星星花、贝壳花

直径2.3 cm

高3.8 cm

图1.263 大号小口8齿
（71号裱花嘴）

72号

常用于制作芭比蛋糕裙边、蛋糕花边、星星花、杯子蛋糕、曲奇

直径2.3 cm

高3.8 cm

图1.264 大号旋8齿
（72号裱花嘴）

73号

常用于制作
芭比蛋糕裙边、蛋糕花边、星星花、杯子蛋糕、曲奇

直径2.3 cm

高3.8 cm

图1.265 大号10齿
（73号裱花嘴）

74号

常用于制作
芭比蛋糕泡泡浴、马卡龙饼身、杯子蛋糕、动物造型

直径2.3 cm

高3.3 cm

图1.266 大号1.3 cm圆口
（74号裱花嘴）

75号

常用于制作
芭比蛋糕泡泡浴、线条等造型、杯子蛋糕、草地等

直径2.4 cm

高2.9 cm

图1.267 大号蒙布朗嘴
（75号裱花嘴）

76号

常用于制作
蛋糕围花边、饼子、鱼形、杯子蛋糕

直径2.3 cm

高3.6 cm

图1.268 大号圣安娜嘴
（76号裱花嘴）

77号

常用于制作
蛋糕围花边、菊花、菊花瓣、杯子蛋糕

直径2.3 cm

高3.6 cm

图1.269 大号圣安娜嘴
（77号裱花嘴）

78号

常用于制作
蛋糕围花边、菊花、菊花瓣、杯子蛋糕

直径2.3 cm

高3.6 cm

图1.270 大号窄口菊花嘴
（78号裱花嘴）

79号

常用于制作
蛋糕围花边、祝寿蛋糕、寿桃造型、杯子蛋糕

直径2.4 cm

高3.6 cm

图1.271 大号寿桃嘴
（79号裱花嘴）

80号

常用于制作
蛋糕围花边、花瓣、玫瑰花瓣、花瓣玫瑰花、杯子蛋糕

直径2.2 cm

高3.3 cm

图1.272 大号曲边直口玫瑰嘴
（80号裱花嘴）

81号

常用于制作
蛋糕围花边、花瓣、玫瑰花瓣、花瓣玫瑰花、杯子蛋糕

直径2.3 cm

高3.8 cm

图1.273 大号直口玫瑰嘴
（81号裱花嘴）

82号

常用于制作
蛋糕围花边、花瓣、玫瑰花瓣、花瓣玫瑰花、杯子蛋糕

直径2.3 cm

高3.8 cm

图1.274 大号左手玫瑰嘴
（82号裱花嘴）

83号

常用于制作
蛋糕围花边、花瓣、玫瑰花瓣、花瓣玫瑰花、杯子蛋糕

直径2.3 cm

高3.8 cm

图1.275 大号右手玫瑰嘴
（83号裱花嘴）

1.3.2 其他主要裱花工具的使用方法

1）裱花袋的使用方法

①先将裱花嘴小的一端放入裱花袋里，如图1.276所示。

②在底部2 cm处用剪刀剪掉多余的部分，如图1.277所示；花嘴露出裱花袋约1 cm，如图1.278所示。

③用手掌托着裱花袋，把裱花袋从里向外翻开包住虎口，然后装上鲜奶油，如图1.279、图1.280所示。

④手拿裱花袋的示意图如图1.281所示。

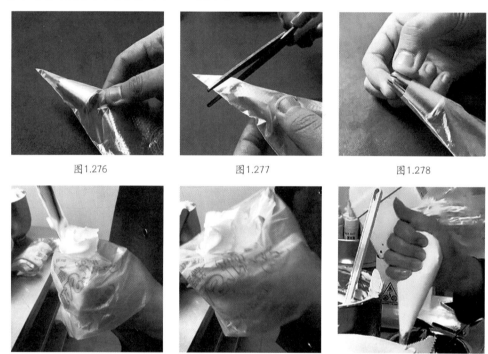

图1.276	图1.277	图1.278

图1.279	图1.280	图1.281

2）裱花棒的使用方法

（1）碗口端裱花棒的使用方法

①在裱花棒碗口端的里面挤上一点奶油（起固定裱花托的作用），如图1.282所示。

②将裱花托的尖头端插入裱花棒碗口端，如图1.283所示。

③然后根据需要裱花，如图1.284—图1.285所示。

图1.282	图1.283	图1.284	图1.285

（2）尖头端裱花棒的使用方法

①在裱花棒尖头端上面挤上一点奶油（起固定裱花托的作用），如图1.286所示。

②把裱花托的碗口端插入裱花棒尖头端，开始裱花，如图1.287所示。

③根据需要继续裱完一朵花，如图1.288、图1.289所示。

图1.286

图1.287

图1.288

图1.289

任务4 鲜奶油知识

1.4.1 鲜奶油的概念

鲜奶油，英文为"cream"。鲜奶油是以全脂牛奶为原料，从新鲜牛奶中提炼出乳脂肪制成的。根据鲜奶油中乳脂肪含量的不同，可将其分为天然鲜奶油、复合鲜奶油和植物性鲜奶油三大类，行业中把它分为动物性奶油、乳脂奶油与植物性奶油3种。

①动物性奶油（动脂奶油），也称淡奶油。是由从新鲜牛奶中提炼出的乳脂肪制成的。牛奶中的脂溶性营养成分如维生素A、维生素D、维生素K和胡萝卜素等都存在于乳脂肪中。它的缺点在于不易打发，打发后稍一受热就会融化，裱出的花纹不清晰，无法裱出稍微复杂一些的花。虽然如此，但动物性鲜奶油也有着其无可比拟的优势：一为健康；二为天然乳脂的美妙口感无可替代。

②乳脂奶油，也就是在动物性鲜奶油中加入适量的植脂奶油。口感和营养方面比植脂奶油好，稳定性方面也比动脂奶油好。

③植物性奶油（植脂奶油），又称植脂忌廉，是以植物脂肪（氢化椰子油、精炼棕榈油、氢化棕榈仁油）为主要原料，添加乳化剂、增稠稳定剂、蛋白质原料、防腐剂、膨松剂、香精、香料、色素、蔗糖和玉米粉、水、盐等经混合，均质、杀菌、包装而成的一种鲜奶油的仿制品。

1.4.2 鲜奶油的保管

①未开盒的植脂奶油，在－18 ℃冷冻室中可以保存1年，在2～7 ℃冷藏室中可以保存两个星期左右。冷冻的奶油在储存过程中不能反复的解冻和冷冻，否则会影响奶油的品质。

②已经打发的奶油，在2～7 ℃冷藏环境中可以保存3天左右。

③乳脂奶油和动脂奶油的储藏条件为冷藏保管（3～7 ℃）。

1.4.3 鲜奶油（植脂奶油）的解冻

①冬天使用，提前3天从冷冻柜（－18 ℃）取出放到冷藏柜（2～7 ℃）进行解冻。夏天使用，提前一天从冷冻柜取出放冷藏柜解冻。此外，还有一些不同的解冻方法，如用自来水浸泡、放室内自然解冻、用温水浸泡等。

②不同的解冻方法有不同的打发量和稳定性，如放冷藏柜解冻到2 ℃进行打发，起发量为4.3～4.5倍，放冷藏柜隔夜后还变化不大，这种解冻方法所需时间为24小时左右。放室内解冻到2 ℃进行打发，起发量为4.1～4.3倍，放冷藏柜过夜后，就稍微有点发泡，搅拌之后还可以裱花，这种解冻方法所需要的时间为3小时左右。

③用自来水浸泡解冻到2 ℃进行打发，起发量为3.8～4.1倍，放冷藏柜过夜后稍微有点气泡，搅拌之后勉强可以裱花，这种解冻方法所需要的时间为30 min。由此看出，不同的解冻方法有不同的起发量和稳定性，即是解冻的时间越短，起发量和稳定性就越差。

任务5　鲜奶油（植脂奶油）的打发及操作环境

1.5.1 植脂奶油打发

①鲜奶油需要冷冻储藏，使用要提前置于2～7 ℃保鲜柜解冻，冬天至无冰块（夏天有少量冰块）即可使用。

②搅拌前先摇均匀，液态奶油应为5～7 ℃，容量在搅拌缸为20%～25%，容器体积不宜超过20 L，小机器效果最佳。

③搅拌时间不宜过长，如时间过长会使鲜奶油稳定性降低。

④搅拌转速过高会缩短搅拌时间，但鲜奶油粗糙、无光泽，所以仍应选择中高速搅拌。

⑤搅拌过程应保持200～350 r/min打发，打发过程不要经常调速，应保持均匀的搅拌速度，否则易粗糙。

⑥打发好的鲜奶油倒竖应呈软尖峰状（即鸡尾状），且细腻有光泽。

⑦搅拌至鸡尾状后可用慢速45 r/min搅拌30 s消除较大气泡，使组织均匀细腻，但消泡时间不要过长，如打发过度、稍硬的话可加入适量未打鲜奶油搅拌调匀、调软即可使用。

1.5.2 植脂奶油的操作环境

打发的鲜奶油因熔点较低，所以最好在空调环境下操作（15～26 ℃），温度过高易导致其加速发泡，过低则会导致鲜奶油变硬。操作过程也不宜太长，因为温度较高、操作过久会导致鲜奶油发泡加速、粗糙。若长时间操作时，可在盛鲜奶油的容器下放置冰块，使其降温来延迟发泡；未用掉的鲜奶油应封好冷藏保存。

任务6 色彩在蛋糕裱花中的运用

1.6.1 色彩搭配知识

①原色：最基本的颜色，而这些颜色是任何颜色都不能调制的。

②三原色：五彩缤纷的色彩，是由各种颜色调制而成的。而红、黄、蓝三色是不能用任何颜色调制的。因此，人们称红、黄、蓝为三原色，千万种色彩都可由这三种原色调配出来。

③间色：由两种原色调制成的另一种颜色就称为间色，也可称调和色。如红+黄＝橙、红+蓝＝紫、黄+蓝＝绿，橙、紫、绿为三间色。

④色相：色彩所呈现的相貌，由不同颜料相互调配制成的各种不同色彩，如红、橙、黄、绿、青、蓝、紫。色彩就是由这些颜色调制成各种浅色或复色结果，如红与白成粉红、绿与白成湖绿色等。

如红+黄＝橙、红+蓝＝紫、红+白＝粉、黄+蓝＝绿、黑+白＝灰等就是色相。

⑤补色：色彩的混合，如红、黄、蓝三原色混合即成黑色，这就是补色，再有红与绿、黄与绿、蓝与橙，它们相互对应，相互补充，互为补色。如红花—绿叶、紫花—黄蕊。

1.6.2 蛋糕裱花色彩搭配技巧

色彩搭配协调与否，以什么色系为主，背景的装饰，蛋糕的主体和辅助之间怎么搭配等，决定着一个裱花蛋糕的成败。对于新手来说，往往掌握不了色彩搭配，所以做出的裱花蛋糕给人的感觉是乱，并会产生视觉疲劳。

1）色彩搭配技巧

①一个蛋糕用色素调合的颜色最好不要超过4种。比例为6∶3∶1，7∶2∶1，5∶2∶2∶1。这里的1是指亮点颜色，起点缀作用，6，7，5是整体颜色（主色调），3，2是陪衬色，最主要的是颜色搭配要和谐，给人以舒服感。

②色彩协调给人以和谐统一的感受，是人们对色彩的基本审美要求。使之产生协调有以下几种方法：

A.光源色协调：使各种色彩统一于同一光源色下。

B.主导色协调：以某一色彩作为主导色，配以其他陪衬色彩。

C.同类色、同性色协调：以各种同类色、同性色组成统一的基调。

D.对比色协调：并列各种不同的对比色彩，也能产生协调。

2）调色常识

①调淡色，应以白色为主，逐渐调入少量深色。

②调深色，应避免添加白色。

③调亮部分，应加入适量白色。

④加入过量白色，色彩纯度降低，而且容易产生"粉气"的弊病。

⑤加入少量的绿色，可使红色的纯度降低。

⑥加入少量的红色，可使绿色的纯度降低。

⑦调色时，调入的颜色种类不能太多，否则色彩就会变脏、变黑。

⑧如遇色彩"沉闷"，可调入适量橘黄色，色彩即透明起来。

⑨调深色时，应尽量避免使用黑色，可用红、黄、蓝等比例加入。

3）蛋糕裱花配色需要掌握的要点

蛋糕裱花配色需要掌握下述内容。

①首先要了解颜色的冷暖，如图1.290所示。如红、橙、黄是暖色调；蓝、绿、紫是冷色调；黑、白、灰是中色调。在制作蛋糕之前先把表面的色调选好，也就是说送什么人，庆祝什么节日。如果是庆祝春节、儿童节、祝寿之类的蛋糕，那选择色彩就要以暖色调为主；如果是送同学、老师、朋友的以冷色调为主，会显得更清秀脱俗，高雅、纯洁的感觉，如图1.290所示。

②此外，还需要了解色彩的语言。如红色代表热烈、热情；橙色代表温暖，能引起人的食欲；黄色代表希望、高贵；蓝色代表无限、深远、永恒；绿色代表青春、和平、环保；紫色代表浪漫、优雅；黑色代表刚健、稳重；白色代表纯洁、神圣等。这些色彩的语言在蛋糕上都能突出其主题，起到先声夺人的效果，而有些颜色最好不要搭配在一起，以免影响审美。

③在使用色彩时，我们可以随时去调和，把纯度调淡，不要为了更鲜艳而加大色素的使用量，这样不但激发不了食欲，更会令人望而却步。而且对身体的健康也存在一定的影响。所以，在装饰蛋糕的过程中，了解色彩的冷暖，以及知道色彩的语言，对装饰好一个蛋糕起着十分重要的作用。

④了解色环，如图1.291所示。

色彩对人产生心理感觉和表达方式：

①红色：喜庆、吉利、热情、爱情和不安全。

②橙色：温馨、幸福、活泼、乐观，能刺激人的食欲。

③黄色：轻松、愉快、健康，能刺激人的食欲。

④绿色：安全、和平、健康，生长的象征。

⑤灰色：忧伤、忧郁、不愉快、平凡。

⑥白色：神圣、纯洁、明快、纯真。

⑦黑色：压抑、庄严、凝重、高贵、神秘。

⑧蓝色：忧郁且压制人的食欲。

⑨紫色：高贵、华丽、神秘、永远，具有诱惑力。

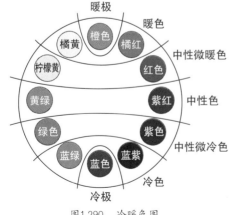

图1.290　冷暖色图

图1.291　色环图

裱花基本功练习

任务1　植脂奶油的打发

2.1.1　打发植脂奶油的制作步骤

①将冷冻的植脂奶油放于2～7 ℃冷藏柜内24～48 h进行解冻。

②将盒内已经解冻的奶油轻轻摇匀（夏天溶解至70%的液态，冬天全部溶解成液态），倒入不锈钢搅拌桶中（奶油打发的最佳温度应为7～10 ℃，夏季天气炎热时可以先将不锈钢搅拌盆放入冷水或冷藏柜中降温），置于搅拌缸内，未打发奶油容量不能低于搅拌缸容积的10%，也不能高于搅拌缸容积的25%，否则会影响产品质量，如图2.1所示。

③用低速挡使植脂奶油充分搅匀后（1 min），再用中高速挡进行搅打（160～260 r/min即可），直至光泽消失，软峰出现，如图2.2所示。

④继续用中高速挡对搅拌桶内的奶油进行打发，若搅拌球顶部的鲜奶油尖峰状弯曲弧度较大，且奶油倒立时发生位移，则打发还不到位，如图2.3所示。

⑤继续打发至桶内奶油表面出现明显纹理后，搅拌球顶部的鲜奶油呈较直立的鸡尾状，将奶油倒立时不发生位移（中性发泡），这时奶油适合裱卡通动物、抹面（简单抹面）、挤花（适合挤一层的花，不适合挤多层多瓣的花），如图2.4所示。

⑥奶油光泽减弱，看到球尖的奶油挺立不下滑呈尖峰状（中干性发泡），此时的奶油适合抹面、挤花、做卡通动物人物，但打到这种程度的奶油看起来粗糙不细腻并没有光泽，口感略差，如图2.5所示。

⑦将打蛋器转速调至低速挡，继续搅拌30 s，让打发的奶油内部气泡均匀，表面光泽更加柔和，奶油打发即可完成（打发时间一般为3～10 min）。

图2.1　　　　　　　　图2.2　　　　　　　　图2.3

图2.4　　　　　　　　图2.5

2.1.2　打发植脂奶油的注意事项及技术要领

1）植脂奶油的解冻

冬天使用，提前3天从冷冻柜（－18 ℃）取出放入冷藏柜（2～7 ℃）解冻。夏天使用，提前1天从冷冻柜取出放至冷藏柜解冻。因植脂奶油打发后在12～15 ℃时内部油膜壁最稳定，不宜破损，而2～7 ℃时解冻植脂奶油，打发后的温度为14 ℃左右，所以植脂奶油解冻至2～7 ℃温度为最佳。

2）植脂奶油打发温度的技术要领

①奶油的打发温度和室温有很大的关系，如果室温为0～18 ℃，奶油的打发温度为4～8 ℃最好。如果室温为18～30 ℃，奶油的打发温度为－4～2 ℃，也就是稍微有点冰粒，没有完全解冻就要进行打发。在以上两种温度打发起来的植脂奶油温度一般为13～16 ℃。

②植脂奶油的打发温度会直接影响奶油的起发量和稳定性、口感等。如果打发时的浆温太高，18～30 ℃的室温，浆温为2～6 ℃打发，起发量就比－4～2 ℃的少了30%左右。而将奶油放至冷藏柜到第二天后就会有些发泡、变软，即稳定性稍差。若将植脂奶油的浆温提高至6～10 ℃或以上打发，起发量就更低了，只有3.8倍或以下，放置冷藏柜隔夜后便会更有泡了，搅拌后变韧，不宜进行裱花及其他制作，口感也不好，有浆口的感觉，入口不易化。

③如果植脂奶油的浆温很低（在0～18 ℃的温度下浆温为－4 ℃以下打发），打发起来的奶油起发量会更高，超过4.3倍，但稳定性差，奶油浮弱，没有支撑力。裱出来的花朵会和花瓣黏合在一起，挤出的动物会向下塌陷，变得又肥又矮，而且吃在嘴里像一阵风一样，毫无质感。总之，打发的浆温和室温成反比，室温越高，浆温越低；室温越低，浆温就较高，但都有一定的限度。

3）植脂奶油的打发速度

①如果在室温为0～18 ℃的室内打发奶油，因奶油的浆温在－4～2 ℃时会有点冰碴没有

解冻，所要打发的步骤是先慢速搅拌冰碴，再用中高速（若是无级变速的机器，如厨宝、健伍机等），也就是10个挡的用6挡，7个挡的用4挡去打发，打到适合使用的程度（也就是软硬度适中时）就使用慢速挡搅拌30 s左右。

②如果只有3个挡的大机器，就先用慢速挡（1挡）将冰碴搅拌溶解，再使用快速挡（即3挡）进行搅拌，然后开慢速挡（1挡）搅拌30 s左右。为什么要分3种速度去打发奶油呢？原因是：如果在有冰粒的情况下快速打发，冰粒和解冻的奶油会不断地摩擦，就容易将奶油的分子结构打断。已打发的奶油稳定性不强，容易发泡变软。

③用中快速挡的原因是液体进入空气会不断地膨胀，油膜会裹住膨胀的气泡，外面又有一层液体包围，而打发进入的空气达到一定的膨胀程度即可。若打发速度太快，进入的空气太多，那液体气泡膨胀的程度会超出临界值并破裂，奶油就容易变粗、发泡，不宜裱花及制作其他物品。

④最后进行慢速搅拌的原因是把液体气泡膜与膜之间的空气排出，令奶油更光滑、更细腻，稳定性更强。总之，植脂奶油的打发速度要根据机器自己的性能去确定。因为有些机器使用时间长了，8挡的速度也没有新机器的4挡的速度快，以及有些机器的搅拌球是否存在折断的情况，钢丝也对其有重要作用。

4）打发不理想植脂奶油的补救方法

①打发完成时如发现奶油状态太稀太软，可立即再次打发至具有可塑性为止，或者存放在冰箱内，因时间过久而缺乏可塑性时，可以重新打发或者再加入新的鲜奶油一起打发均可。

②打发过度的鲜奶油会有体积缩小而质感粗糙的情况，颗粒大且有分行状态而不具弹性和光泽，此时可再加入新的鲜奶油进行重新打发，即可得到应有的可塑性状态。

5）打发后植脂奶油的储存

①正常情况下植脂奶油打发起来的温度为13～16 ℃，如果室温是30 ℃，奶油不到半小时就会上升到30 ℃，这样奶油就会发泡了。所以打发起来的植脂奶油一定要加盖放入冷藏柜（2～7 ℃）储存，将13～16 ℃的温度降至2～7 ℃，这样的奶油放置一天一夜变化也不大。在2～7 ℃环境下可放置3天，奶油的熔点在30 ℃左右。打发完的植脂奶油留至下次，可加入新的鲜奶油一起打发，并不影响其状态及品质。

②奶油冷藏或冷冻后，质地会变硬，退冰软化的方法：取出置放于室温下待其软化，所需时间不定，需视奶油原来是冷藏或冷冻、分量多少以及当时的气温而定，奶油只要软化至手指稍用力按压，可以轻易被手指压出凹陷的程度就可以了。

任务2 动物奶油（淡奶油）的打发

2.2.1 打发动物奶油（淡奶油）的制作步骤

①将淡奶油摇匀后倒入不锈钢搅拌桶中，加入适量白砂糖或糖粉（约10%），如图2.6所示。

②用中快速挡打发淡奶油，当奶油从液体变成泡沫状，并且出现一些纹路时，即要注意观察，以免打发过度，如图2.7所示。

③继续打发至奶油浓稠、纹路明显，如图2.8所示。

④当奶油打发到有较明显的浪花状花纹时，奶油已经不能再流动，而且奶油与桶边的距离越来越大，此时表示奶油已经打发成功，如图2.9所示。

⑤把打蛋头放到奶油桶里一半深时再提起打蛋头，会拉出小尖角，球尖的奶油状态就是打发成功的淡奶油，如图2.10所示。

图2.6

图2.7

图2.8

图2.9

图2.10

2.2.2 打发动物奶油（淡奶油）的注意事项及技术要领

①打发之前一定要将淡奶油放置冰箱冷藏至少24 h，温度保持为1～5 ℃最佳，因为只有温度够低，打发后的淡奶油才不会很快融化掉，尤其是夏天，使用之前无须回温。

②当室温在25 ℃以上时，若想要淡奶油达到更好的状态，最好能够准备足量的冰块或者冰袋，并将其放入一个大盆中，再将打蛋盆垫在冰上进行打发，也可事先将打蛋盆和打蛋头同时放入冰箱里冷藏一会儿。

③打发奶油时最好在空调环境下操作，室温控制在19～21 ℃为最佳。

④打发时间控制在3～5 min，并且在打发好之后，一缸淡奶油尽量控制在12 min内使用完，只有这样才能达到较好的使用效果。

⑤打发动物鲜奶油前，应将鲜奶油从冷藏室挪入冷冻室片刻，使鲜奶油的温度进一步降低，这种做法可保证打发的成功率。但时间一定要控制好，切勿让鲜奶油结冰。

⑥鲜奶油打发好后，不要继续搅打。如果过度打发，会出现油水分离，也就是俗称的豆腐渣状态。

⑦如果想要鲜奶油的口感更好，不那么油腻，可在打发好的鲜奶油中加入少许朗姆酒（一般500 g鲜奶油加1小勺/5 mL即可），再搅打均匀。

⑧注意：盛放鲜奶油的碗里不要有油、水和其他杂质，以免影响打发效果。

任务3 抹直角胚训练

2.3.1 直角胚的定义

直角胚，即蛋糕表面边角从斜面成为直角的蛋糕胚。

2.3.2 需用工具

裱花台、假体蛋糕胚（直角）、抹刀、锯齿刮板。

2.3.3 准备材料

打发的植脂奶油。

2.3.4 抹直角胚的制作步骤

①把假体蛋糕胚放在蛋糕转台的正中心，如图2.11所示。

②然后用抹刀挑取鲜奶油置于蛋糕胚表面，如图2.12所示。

③右手拿抹刀，拿抹刀手法如图2.13所示，把抹刀前1/3部分放在鲜奶油上，刀尖在中间，与奶油保持15°角。

④抹光滑顶面。右手晃动手腕使抹刀左右摇动，稍用力气往里压，左手逆时针转动转盘，两手配合默契，这时抹刀与蛋糕胚顶面保持15°角，抹平蛋糕胚顶面奶油后，顶面边缘一圈会有一些从侧面抹上来的奶油，如图2.14所示。

⑤抹光滑侧面。待顶面基本光滑后接着将侧面抹光滑，抹侧面时注意抹刀要垂直于蛋糕的顶面，右手晃动手腕使抹刀来回摆动，左手顺时针转动转盘，两手配合默契，待抹完侧面一圈后，这时抹刀应垂直于转台并与蛋糕侧面张开成15°角，将抹刀贴于蛋糕表面，左手顺时针匀速转动转盘，直至蛋糕侧面光滑。步骤分解如图2.15—图2.17所示。

⑥修光滑顶面。这时有些奶油被顶到上部，将顶面破坏（图2.18）。待把边缘修整好后再调整上面。先将转盘逆时针旋转起来，速度要稍快，然后右手拿刀（也可以左手托着右手辅助），刀的位置如图2.18所示，刀面略微向蛋糕倾斜，刀尖微微上翘。刀从蛋糕右侧接触奶油，大概是从刀前方1/3处开始接触，刀在移动过程中高度是不变的，刀沿着右侧方向向蛋糕中心移动，所以接触奶油时把表面的薄薄一层奶油抹平即可，这样奶油就从四周开始被抹平，当抹到中心后把刀迅速向左前方抹，到2/3后拿起，并离开蛋糕表面。多余的奶油就被刀带了下来，蛋糕就光滑了。步骤分解如图2.19—图2.22所示。

⑦蛋糕抹好后，用抹刀刮掉蛋糕底部边缘多余的奶油，用抹刀从底部平插进蛋糕，把蛋

糕挑起来，然后左手从底部托起蛋糕放在蛋糕盒里，再将手抽出，最后抽走抹刀。步骤分解如图2.23—图2.27所示。

图2.11 图2.12 图2.13

图2.14 图2.15 图2.16

图2.17 图2.18 图2.19

图2.20   图2.21   图2.22

图2.23   图2.24   图2.25

图2.26   图2.27

2.3.5　抹直角胚的注意事项及技术要领

①抹胚前，检查蛋糕胚是否置于转盘中心，蛋糕屑是否清理干净。

②抹侧面时，抹刀放在蛋糕胚左侧（9点钟的位置）。

③抹顶面时，左手逆时针转动转盘，抹侧面时，左手顺时针转动转盘。

④顶面最后的收尾工作，讲究稳，每次抹都要一气呵成。

2.3.6 抹直角胚的延伸

①抹好直角胚后，用锯齿刮板将其整形为有纹路的蛋糕胚，如图2.28所示。

②用抹刀的刀尖刮出纹路的蛋糕胚，如图2.29所示。

③分别用几种不同色素调出各种颜色的奶油，挤在已抹好的蛋糕胚表面，然后用抹刀抹光滑，如图2.30和图2.31所示。

图2.28　　　　　　　　图2.29　　　　　　　　图2.30　　　　　　　　图2.31

任务4　抹圆角胚的训练

2.4.1 圆角胚的定义

圆角胚，也称半圆胚、碗形胚，即蛋糕表面边角从斜面成为直角的蛋糕胚。

2.4.2 需用工具

裱花台、假体蛋糕胚（圆角）、抹刀、透明软刮片。

2.4.3 准备材料

打发的植脂奶油。

2.4.4 抹圆角胚的制作步骤

①首先要把蛋糕胚剪去直角边呈半圆形。

②在蛋糕表面抹上奶油，由于蛋糕的侧面是垂直的，抹圆角胚开始的步骤大致与直角胚相同，如图2.32所示。

③用抹刀尽量把奶油向圆角弧度的地方抹，使有弧度的地方的奶油多些，用抹刀以顶面半径的1/2为起点，用刀尖从上到下逐渐刮出圆角弧度，然后把底部多余的奶油刮出，步骤分解如图2.33—图2.39所示。

④用右手虎口夹住软刮片，大拇指在4根手指的下面与无名指在一起，小拇指与无名指控制蛋糕的侧面，使刮片与蛋糕面呈45°角。由于蛋糕的侧面是垂直的，因此刮片也是垂直的，中指食指是用来控制蛋糕弧度的，所以这两个手指要尽量分开，这样才能将蛋糕的弧度刮出来。刮面时右手刮片保持原地不动（只要调整几个手指的力度即可），左手顺时针匀速转动转盘，右手控制刮片与蛋糕面保持45°角，直到蛋糕表面平整光滑为止，此时圆角胚制作完成，如图2.40所示。

图2.32　　　　　　　　图2.33　　　　　　　　图2.34

图2.35　　　　　　　　图2.36　　　　　　　　图2.37

图2.38　　　　　　　　图2.39　　　　　　　　图2.40

2.4.5　抹圆角胚的注意事项及技术要领

①抹胚前先检查蛋糕胚是否置于转盘中心，蛋糕屑是否清理干净。

②抹胚时圆角弧度要多点奶油，否则容易露出蛋糕胚。

③注意拿软刮片的手法，正确掌握好软刮与蛋糕胚的角度。

④最后修蛋糕面时需要稳定的手法和不急躁的心态。

项目 **3**

常见花边的裱法

任务1 齿形花嘴（星嘴）花边的练习

3.1.1 贝壳花边的练习

1）准备工具

45号大口8齿花嘴（图3.1、图3.2），裱花袋、剪刀、裱花台。

45大口8齿

齿距0.6 cm

圆径2.1 cm

45号

常用于制作
芭比裙边波浪花纹 、蛋
糕围边、星星花、贝壳
花、曲奇饼

直径2.1 cm

高3.6 cm

图3.1　45号大口8齿花嘴　　　图3.2　中号大口8齿（45号裱花嘴）

2）准备材料

打发的植脂奶油或动脂奶油、抹好的圆角胚一个。

3）制作贝壳花边的操作步骤

①裱花袋装入45号大口8齿花嘴，用剪刀剪掉多余部分，在裱花袋里装上打好的鲜奶油。

②右手持裱花袋，裱花嘴向右倾斜，与蛋糕胚底边呈45°角。均匀用力，将鲜奶油稍微向上提起再轻轻向下移动裱花袋，缓缓向内收力，拉出一个小尖角，如图3.3所示。

③在前一个贝壳的收口处用步骤②的手法逆时针连续挤出贝壳，左手顺时针转动转台，两手配合默契。注意挤时力度一致，以使每一个贝壳大小一致，如图3.4—图3.6所示。

④重复步骤③的动作，直至完成一圈，如图3.7所示。

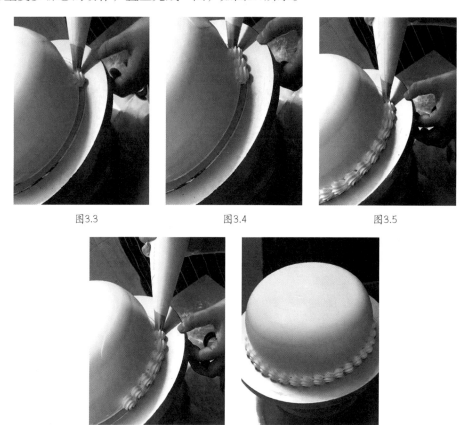

图3.3   图3.4   图3.5

图3.6   图3.7

3.1.2　彩虹花边的练习

1）准备工具

裱花袋、剪刀、裱花台。

2）准备材料

打发的植脂奶油，抹好的直角胚一个，蓝色、紫色、黄色、粉红色色素适量。

3）制作彩虹花边的操作步骤

①分别调好蓝色、紫色、黄色、粉红色等颜色的鲜奶油并装在裱花袋里，用剪刀剪掉多余部分成0.7 cm的小圆口。

②右手持裱花袋，裱花袋小圆口垂直于蛋糕胚侧面，距离蛋糕胚约3 mm分别挤出一圈蓝色、紫色奶油，左手转动裱花台，两手配合默契，如图3.8所示。

③继续用步骤②的方法挤出一圈黄色和粉红色奶油，如图3.9、图3.10所示。

④用抹刀把侧面抹光滑，并将底部多余的奶油刮掉，此时彩虹花边就制作完成了，如图3.11—图3.13所示。

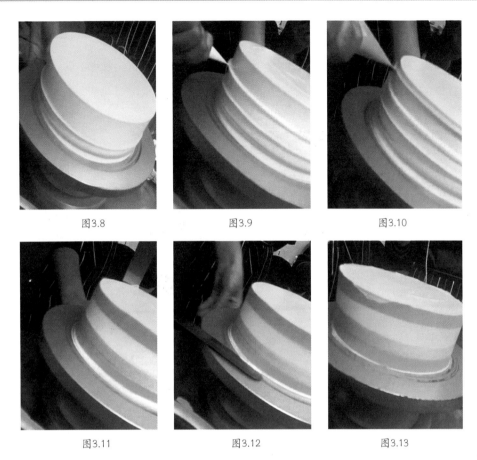

图3.8　　　　　　　　　图3.9　　　　　　　　　图3.10

图3.11　　　　　　　　　图3.12　　　　　　　　　图3.13

3.1.3　玫瑰花结花边的练习

1）准备工具

46号中号旋8齿花嘴（图3.14、图3.15）、裱花袋、剪刀、裱花台。

46号

常用于制作
芭比裙边波浪花纹、蛋
糕围边、星星花、贝壳
花、曲奇饼

直径2.1 cm

46 中号旋8齿

高3.5 cm

图3.14　46号中号旋8齿　　　　图3.15　中号旋8齿（46号裱花嘴）

2）准备材料

打发的植脂奶油或动脂奶油、抹好的直角胚一个、橙色、粉色素适量。

3）制作玫瑰花结花边的操作步骤

①将裱花袋装入46号中号旋8齿花嘴，用剪刀剪掉多余部分，在裱花袋里装上打发的鲜奶油。

②右手持裱花袋，裱花嘴垂直，距离蛋糕胚约3 mm，挤出奶油霜。如图3.16—图3.18所示。

③均匀用力，顺时针或逆时针转一圈，在起始端位置上方收口，如图3.19、图3.20所示。

④在抹好的直角胚上连续均匀用力，即可挤出连续的玫瑰花结花边，如图3.21—图3.23所示。

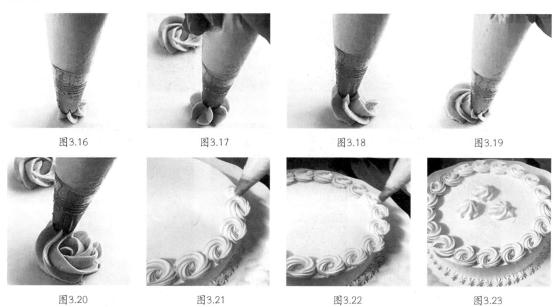

| 图3.16 | 图3.17 | 图3.18 | 图3.19 |

| 图3.20 | 图3.21 | 图3.22 | 图3.23 |

任务2 排花嘴花边的练习

3.2.1 花篮花边的练习

1）准备工具

56号中号双排嘴（图3.24）或者57号单排嘴（图3.25）、裱花袋、剪刀、裱花台。

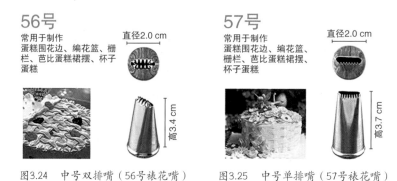

56号
常用于制作蛋糕围花边、编花篮、栅栏、芭比蛋糕裙摆、杯子蛋糕

直径2.0 cm

高3.4 cm

图3.24　中号双排嘴（56号裱花嘴）

57号
常用于制作蛋糕围花边、编花篮、栅栏、芭比蛋糕裙摆、杯子蛋糕

直径2.0 cm

高3.7 cm

图3.25　中号单排嘴（57号裱花嘴）

2）准备材料

打发的植脂奶油或动脂奶油、黄色素适量。

3）制作花篮花边的步骤

①裱花袋装入56号双排嘴，用剪刀剪掉多余部分，在裱花袋里装上打发的鲜奶油。

②右手持裱花袋，裱花嘴垂直，距离蛋糕胚约3 mm，均匀用力，先竖着裱出一条花边，如图3.26所示。

③然后横着裱出3条花边，如图3.27所示。

④继续横着裱出第四条花边，4条横的花边长短大约相同，首尾两条横的花边刚好覆盖住竖条花边的首尾，如图3.28所示。

⑤依次类推，如此反复（1条竖→4条横→1条竖→3条横）裱，左手顺时针转动转台，两手配合默契。直到编满蛋糕的围边，如图3.29、图3.30所示，实例成品如图3.31所示。

图3.26

图3.27

图3.28

图3.29

图3.30

图3.31

3.2.2 吊式花边的练习

1）准备工具

56号双排嘴（图3.32）、裱花袋、剪刀、裱花台。

56号

常用于制作蛋糕围花边、编花篮、栅栏、芭比蛋糕裙摆、杯子蛋糕

直径2.0 cm

高3.4 cm

图3.32 中号双排嘴（56号裱花嘴）

2）准备材料

打发的植脂奶油或动脂奶油、黄色素适量。

3）制作吊式花边的制作步骤

①裱花袋装入56号双排嘴，用剪刀剪掉多余部分，在裱花袋里装上打发的鲜奶油。

②右手持裱花袋，裱花嘴与蛋糕表面成45°角，距离蛋糕胚约3 mm，均匀用力，拉出一条U形花边，如图3.33所示。

③以U形收口处为起点，稍微向U形中心退回去又拉出一个U形，如图3.34所示。

④左手顺时针转动转台，两手配合默契。如此重复动作即可一口气完成整个吊式花边（中间尽量不能断），如图3.35—图3.41所示。

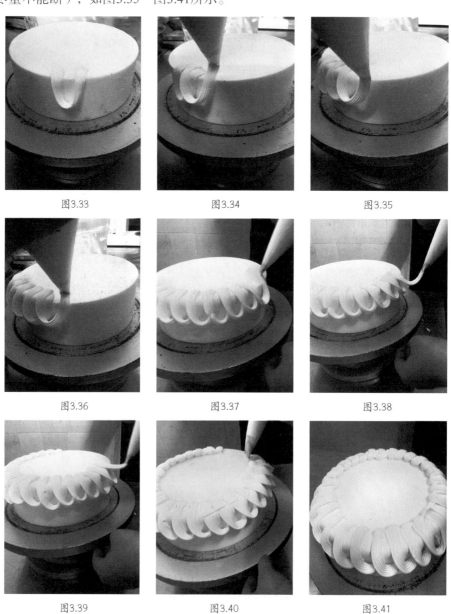

图3.33　　　　　　　　　图3.34　　　　　　　　　图3.35

图3.36　　　　　　　　　图3.37　　　　　　　　　图3.38

图3.39　　　　　　　　　图3.40　　　　　　　　　图3.41

任务3 特殊花嘴花边的练习

3.3.1 蒙布朗（小草嘴）拉线花边

1）准备工具

75号蒙布朗嘴（图3.42）、裱花袋、剪刀、裱花台。

图3.42 大号蒙布朗嘴（75号裱花嘴）

2）准备材料

打发的植脂奶油、抹好的直角胚一个、蓝色素适量。

3）制作拉线花边的操作步骤

①裱花袋装入75号小草嘴，用剪刀剪掉多余的部分，在裱花袋里装上调好蓝色的鲜奶油。

②右手持裱花袋，裱花嘴与蛋糕表面成45°角，距离蛋糕胚约3 mm，均匀用力，上下来回重复拉出细线（图3.43），左手顺时针转动转台，两手配合默契。如此重复动作裱完蛋糕胚的一圈，步骤分解如图3.43—图3.47所示。

③裱完蛋糕胚的一圈后，完成拉线花边，如图3.48所示。

图3.43 　　　　　　　　　图3.44 　　　　　　　　　图3.45

图3.46　　　　　　　　　图3.47　　　　　　　　　图3.48

3.3.2　U形花边

1）准备工具

裱花袋、剪刀、裱花台。

2）准备材料

打发的植脂奶油、抹好的圆角胚一个。

3）U形花边的操作步骤

①在裱花袋里装上打发的鲜奶油，用剪刀剪成直径0.3 cm的小圆口。

②右手持裱花袋，裱花小圆口与蛋糕表面呈45°角，距离蛋糕胚约3 mm，均匀用力，拉出细线U形，每裱下一个U形的起点便是上一个U形的开口中心，交叉重叠再裱出U形，动作要快，否则线条会断。左手顺时针转动转台，两手配合默契。如此重复动作裱完蛋糕胚的一圈，步骤分解如图3.49—图3.53所示。

③裱完蛋糕胚的一圈后，在接口处挤上小圆点，如图3.54所示。

图3.49　　　　　　　　　图3.50　　　　　　　　　图3.51

图3.52 图3.53 图3.54

任务4 扁口花嘴花边的练习

3.4.1　准备工具

67号中号扁口花嘴、裱花袋、剪刀、裱花台，如图3.55所示。

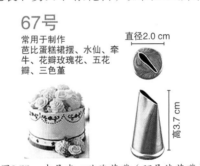

图3.55　中号直口玫瑰花嘴（67号裱花嘴）

3.4.2　准备材料

打发的植脂奶油或动脂奶油、抹好的直角胚一个、粉红色素。

3.4.3　扁口花嘴花边的制作步骤

①裱花袋装入67号扁口花嘴，用剪刀剪掉多余部分，在裱花袋里装上打发的鲜奶油。

②右手持裱花袋，裱花嘴向右倾斜，距离蛋糕胚约3 mm。裱花嘴的窄端向内，宽端向外，将裱花嘴的宽端轻轻抵住蛋糕胚，均匀用力，以波浪手法连续挤出一圈弧形奶油霜褶皱边。

③裱完成一圈后，接着用操作步骤②的方法裱第二、第三圈，左手顺时针转动转台，两手配合默契，步骤分解如图3.56—图3.59所示。

图3.56 　　　　　　　　　　图3.57 　　　　　　　　　　图3.58 　　　　　　　　　　图3.59

任务5　制作花边的注意事项及技术要领

①花边要做到层次明显，且具有立体感，每条花边距离一致。

②蛋糕花边收口边应放在同一位置，即后侧。

③多层蛋糕花边应每层使用同一种花边装饰，才能使蛋糕花边整体一致，不给人以杂乱的感觉。

④操作花边时应尽量采用一只手持裱花袋、一只手转动转盘的方法，既可提升操作速度也可提高左右手的配合能力。

⑤做花边时应尽量一口气制作好一条花边，若手中奶油较少不易挤出，则不要继续挤下去，否则不仅会降低速度且更易使花边变形。

项目 **4**

常见花卉的裱法

任务1 **玫瑰花训练**

4.1.1　准备工具

67号（68号或69号）玫瑰花嘴（图4.1—图4.3）、裱花袋、裱花棒、剪刀、裱花台、裱花托。

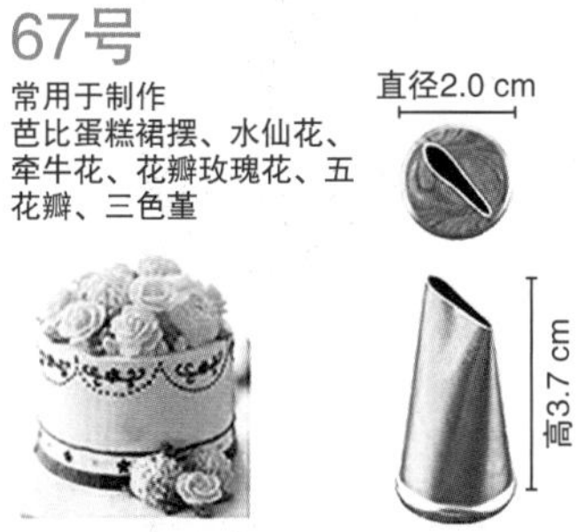

67号
常用于制作
芭比蛋糕裙摆、水仙花、
牵牛花、花瓣玫瑰花、五
花瓣、三色堇

直径2.0 cm

高3.7 cm

图4.1　中号直口玫瑰
（67号裱花嘴）

68号
常用于制作
芭比蛋糕裙摆、水仙花、
牵牛花、花瓣玫瑰花、五
花瓣、三色堇

直径2.0 cm

高3.7 cm

图4.2　中号右手玫瑰
（68号裱花嘴）

69号
常用于制作
蛋糕围花边、花瓣、玫
瑰花、卷边花瓣玫瑰
花、杯子蛋糕

直径2.0 cm

高3.7 cm

图4.3　中号卷边玫瑰
（69号裱花嘴）

4.1.2　准备材料

打发的植脂奶油，抹好的直角胚一个，红色素、黄色素、绿色素。

4.1.3　制作玫瑰花的制作步骤

①裱花袋装入67号花嘴，用剪刀剪掉多余部分，在裱花袋里装上打发的鲜奶油。

②左手持裱花棒，尖头端向上并沾上少许奶油，把裱花托放在裱花棒的尖头端上。

③右手持裱花袋，裱花嘴窄端向上，紧贴裱花托，左手转动裱花棒，右手带动奶油将裱

57

花托尖头包好，作为花蕊，这时不能露出裱花托的尖头，如图4.4所示。

④以第一片花蕊的中间处为起点，画"n"字裱出第一片花瓣，要高于第一片花蕊并且包住第一片花蕊，如图4.5所示。

⑤右手拿裱花袋，使裱花嘴贴住第一片花瓣的中间位置，即为起点，画"n"字裱出第二片花瓣，左手继续转动裱花棒，第二片花瓣要高于第一片花瓣，用同样手法裱出第三片花瓣，第一层玫瑰花瓣制作完成，3片花瓣作为一层，如图4.6所示。

⑥第二层的第一片花瓣，裱花嘴贴住前一片花瓣的中间位置即为起点，以花嘴垂直90°的手法画"n"字裱出第二层的第一片花瓣，左手配合默契转动裱花棒。用相同手法继续裱出2片花瓣即完成第二层花瓣的制作，如图4.7—图4.9所示。第二层的每一片花瓣都要略低于第一层。

⑦第三层的玫瑰花瓣制法和第二层制法相同，只是花瓣在收尾时相比第二层要拉长一些，第三层的花瓣略低于第二层，如图4.11所示。

⑧第四层的玫瑰花瓣是以花嘴倾斜45°角的手法绕"n"字，第四层相比前两层花瓣稍微向外摊开。第四层花瓣尽量长短一致，尽量让玫瑰花花形显得圆润些，花瓣不要拉得太长，第四层的花瓣略低于第三层，此时玫瑰花制作完成，如图4.12所示。

⑨最后，用喷粉喷上各种颜色，用剪刀将玫瑰花夹出来放在奶油蛋糕上。放玫瑰花的地方要提前在蛋糕表面挤少量的鲜奶油，这样玫瑰花才能稳固，如图4.13—图4.15所示。

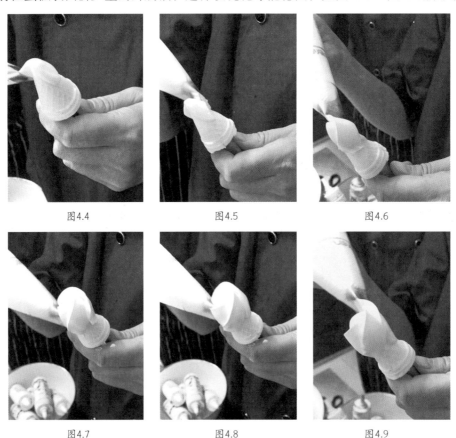

图4.4　　　　　图4.5　　　　　图4.6

图4.7　　　　　图4.8　　　　　图4.9

图4.10　　　　　　　　　　图4.11　　　　　　　　　　图4.12

图4.13　　　　　　　　　　图4.14　　　　　　　　　　图4.15

4.1.4　制作玫瑰花的注意事项及技术要领

①要做到叶片薄且圆滑，花束摆放要摆出高低层次及大小变化，而且要集中摆放。

②玫瑰花裱3～4层即可，花形整体饱满，花蕊紧凑。

③玫瑰花的奶油要软硬适中，才能将花瓣挤得清晰，又不会黏合在一起，花瓣边也不会起牙齿状。

任务2　康乃馨花训练

4.2.1　准备工具

62号康乃馨花嘴（图4.16）或者67号玫瑰花嘴（图4.1）、裱花袋、裱花棒、剪刀、裱花台、裱花托。

62号

常用于制作
蛋糕围花边、康乃馨花
朵、杯子蛋糕

直径2.0 cm

高3.7 cm

图4.16　中号康乃馨嘴（62号裱花嘴）

4.2.2　准备材料

打发的植脂奶油，裱好花边的直角胚一个，红色素、黄色素、绿色素。

4.2.3　康乃馨花的制作步骤

①裱花袋装入62号或67号花嘴，用剪刀剪掉多余部分，在裱花袋里装上少量打发的鲜奶油，在花嘴的一端（窄端）滴上2～3滴液体紫色素，然后装入奶油。

②左手持裱花棒，尖头端向上沾上少许奶油，把裱花托放在裱花棒的尖头端上。

③右手持裱花袋，裱花嘴窄端向上，紧贴裱花托尖端，左手转动裱花棒，右手上下随意抖动以带动奶油挤出第一片康乃馨弧形花蕊，如图4.17所示。

④用与步骤③相同的手法继续挤出第二、第三片康乃馨弧形花蕊，包住裱花托尖头，如图4.18、图4.19所示。

⑤将花嘴立起90°，上下随意抖动挤出第一层花瓣，花瓣呈自然弯曲状态，高度与花蕊同高，如图4.20、图4.21所示。

⑥将花嘴立起90°，分别在上一层的交错处上下抖动以挤出自然弯曲的第二层花瓣，高度略低于上一层，如图4.22所示。

⑦将花嘴向外倾斜15°左右，用相同的手法挤出第三层花瓣，高度略低于上一层，如图4.23所示。

⑧将花嘴向外倾斜40°，抖动挤出一圈花瓣，高度略低于上一层，此时康乃馨花制作完成，如图4.24所示。

⑨把制作好的康乃馨花放在预先制作好花边的蛋糕上，再挤上叶子，如图4.25所示。

图4.17　　　　　　　　　　　图4.18　　　　　　　　　　　图4.19

| 图4.20 | 图4.21 | 图4.22 |

| 图4.23 | 图4.24 | 图4.25 |

4.2.4　制作康乃馨的注意事项及技术要领

①裱康乃馨的手法：用上下抖动的手法挤出每片花瓣。

②整体花形要求圆润，有层次感和凌乱感。

③康乃馨的奶油要稍硬一点，每片小花瓣才能挤出又薄又密的效果。

任务3　百合花训练

4.3.1　准备工具

65号叶嘴（图4.26）、裱花袋、裱花棒、剪刀、裱花台、裱花托。

65号

常用于制作
蛋糕围花边、叶子形、杯
子蛋糕、花瓣

直径2.0 cm

高3.7 cm

图4.26　中号小口叶嘴（65号裱花嘴）

4.3.2 准备材料

打发的植脂奶油、裱好花边的直角胚一个、色素。

4.3.3 百合花的制作步骤

①裱花袋装入65号花嘴，用剪刀剪掉多余部分，在裱花袋里装上打发的鲜奶油。

②左手持裱花棒，碗口端向上，裱花托的尖头端沾上少许奶油，然后把裱花托的尖头端放在裱花棒的碗口端上。

③右手持裱花袋，将裱花嘴紧贴裱花托内深处，由粗至细向上拔出花瓣，如图4.27所示。

④用与步骤③相同的手法继续挤出第二、第三、第四、第五、第六片花瓣，如图4.28—图4.32所示。

⑤在花瓣里面的底部喷上色粉，如图4.33所示。

⑥在花瓣中心位置拔出多根细长黄色的花蕊，如图4.34所示。

⑦在花的旁边挤上叶子，此时百合花制作完成，如图4.35所示。

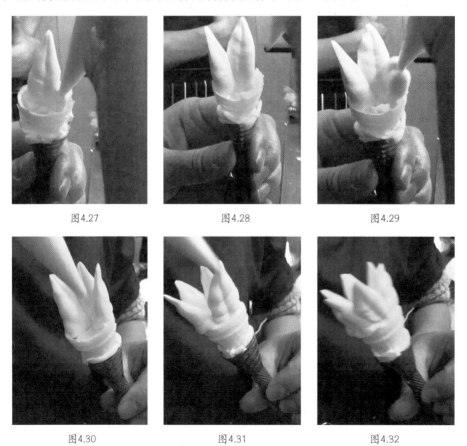

图4.27　　　　　图4.28　　　　　图4.29

图4.30　　　　　图4.31　　　　　图4.32

图4.33　　　　　　　　　　图4.34　　　　　　　　　　图4.35

4.3.4　制作百合花的注意事项及技术要领

①挤花瓣时由粗至细向上拔出。

②花瓣要有一定深度，且六片花瓣长短粗细统一，用小号花托制作。

任务4　大丽花训练

4.4.1　准备工具

60号菊花嘴（图4.36）、裱花袋、裱花棒、剪刀、裱花台、裱花托。

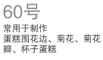

60号

常用于制作
蛋糕围花边、菊花、菊花
瓣、杯子蛋糕

直径2.0 cm

高3.7 cm

图4.36　中号菊花嘴（60号裱花嘴）

4.4.2　准备材料

打发的植脂奶油、色素。

4.4.3　大丽花的制作步骤

①裱花袋装入60号花嘴，用剪刀剪掉多余部分，在裱花袋里装上打发的鲜奶油。

②左手持裱花棒，尖头端向上沾上少许奶油，把裱花托放在裱花棒的尖头端上。

③右手持裱花袋，将裱花嘴贴于裱花托尖端，以直拔手法把花托尖端包起成花蕊，如图4.37—图4.39所示。

④将花嘴立起90°，垂直直拔，交错拔出第一层花瓣，花瓣高度与花蕊相同，如图4.40所示。

⑤将花嘴微向外倾斜10°，交错拔出第二层花瓣，如图4.41所示。

⑥将花嘴微向外倾斜20°，交错拔出第三层花瓣，如图4.42所示。

⑦将花嘴微向外倾斜30°，交错拔出第四层花瓣，如图4.43所示。

⑧将花嘴微向外倾斜40°，交错拔出第五层花瓣。大丽花制作完成，如图4.44所示。

⑨将制作好的大丽花喷上色，如图4.45所示。

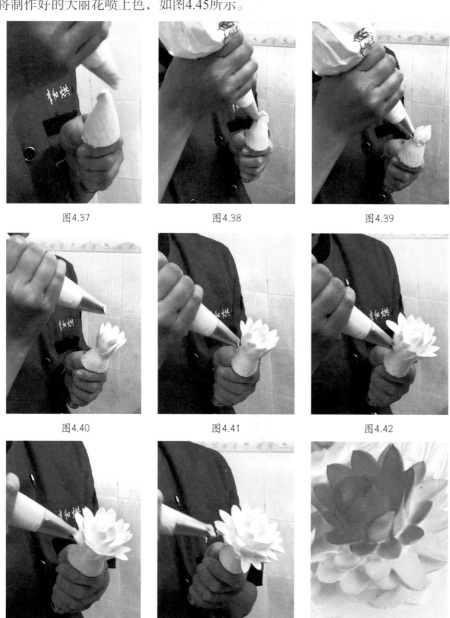

图4.37　　　　　　　　　图4.38　　　　　　　　　图4.39

图4.40　　　　　　　　　图4.41　　　　　　　　　图4.42

图4.43　　　　　　　　　图4.44　　　　　　　　　图4.45

4.4.4 大丽花的制作注意事项及技术要领

①注意制作每层花瓣时花嘴的变化，随着花的开放角度的增大，花嘴的倾斜角度也越来越大，一般下一层要比上一层倾斜10°。

②其花形饱满圆润，每层花瓣长度统一，层次分明，排列整齐。制作大丽花的奶油要稍软，才能拉出尖峰状的小花瓣。

任务5 圆圈花训练

4.5.1 准备工具

67号玫瑰花嘴（图4.46）、裱花袋、裱花棒、剪刀、裱花台、裱花托。

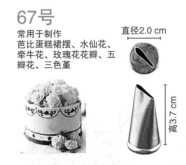

图4.46 中号直口玫瑰（67号裱花嘴）

4.5.2 准备材料

打发的植脂奶油、裱好花边的直角胚一个、色素。

4.5.3 圆圈花的制作步骤

①裱花袋装入67号花嘴，用剪刀剪掉多余部分，在裱花袋里装上打发的鲜奶油。

②左手拿住裱花棒，尖头端向上并沾上少许奶油，把裱花托放在裱花棒的尖头端上。

③右手持裱花袋，将裱花嘴立在裱花托尖端起步，花嘴略向花托尖端内倾斜，反挤一圈包成花蕊，如图4.47所示。

④左手转动裱花棒，右手挤出一圈奶油，注意速度要均匀，两手协调，如图4.48所示。

⑤准备挤第二圈花瓣时，应将花嘴角度变换为90°，连续不断地挤出第二圈奶油，如图4.49、图4.50所示。

⑥准备挤第三圈花瓣时，将花嘴微向外倾斜10°，连续不断地挤出第三圈奶油，如图4.51所示。

⑦准备挤第四圈花瓣时，将花嘴微向外倾斜20°，继续旋转挤出第四圈，如图4.52、图

4.53所示。

⑧准备挤第五圈花瓣时，将花嘴微向外倾斜30°，继续旋转挤出第五圈，如图4.54所示。

⑨准备挤第六圈花瓣时，将花嘴微向外倾斜40°，继续旋转挤出第六圈，此时圆圈花制作完成，如图4.55所示。

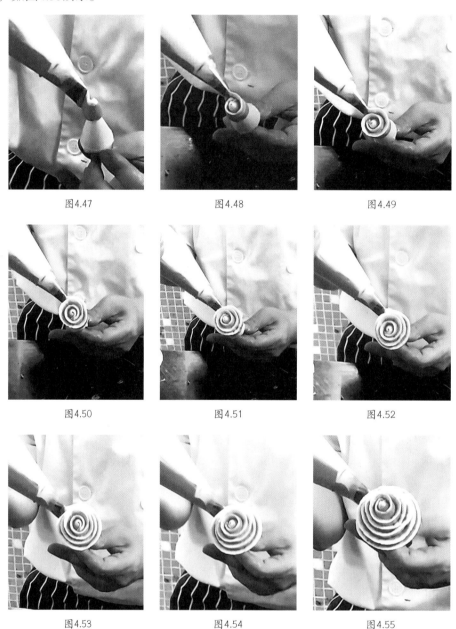

图4.47   图4.48   图4.49

图4.50   图4.51   图4.52

图4.53   图4.54   图4.55

4.5.4 圆圈花的制作注意事项及技术要领

①左手转动裱花棒，速度均匀，右手挤奶油，需与左手配合协调。

②最后挤出的花应是花圆蕊凸，每层的花瓣间隔一致。

任务6　山茶花训练

4.6.1　准备工具

67号玫瑰花嘴（图4.56）、裱花袋、裱花棒、剪刀、裱花台、裱花托。

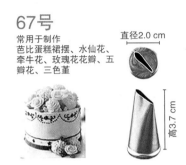

图4.56　中号直口玫瑰（67号裱花嘴）

4.6.2　准备材料

打发的植脂奶油、裱好花边的直角胚一个、色素。

4.6.3　山茶花的制作步骤

①将裱花袋装入67号花嘴，用剪刀剪掉多余部分，在裱花袋里装上打发的鲜奶油。

②左手拿住裱花棒，碗口端向上，裱花托的尖头端沾上少许奶油，然后把裱花托的尖头端放在裱花棒的碗口端上。

③右手持裱花袋，裱花嘴窄端向上，将裱花嘴紧贴裱花托外部，花嘴向外倾斜10°，用"绕"的方法抖动挤出第一片花瓣，如图4.57所示。

④用步骤3的手法继续挤出第二、第三、第四、第五、第六片花瓣作为第一层花瓣，如图4.58—图4.62所示。

⑤分别在上一层的交错处将花嘴向外倾斜20°，继续用"绕"的方法抖动挤出第二层、第三层、第四层花瓣，此时山茶花制作完成，如图4.63—图4.66所示。

⑥将制作好的山茶花喷上红色，如图4.67所示。

⑦在山茶花中心处挤上黄色的花蕊，如图4.68—图4.70所示。

⑧已经制作好的山茶花如图4.71所示。

图4.57

图4.58

图4.59

图4.60

图4.61

图4.62

图4.63

图4.64

图4.65

图4.66

图4.67

图4.68

图4.69

图4.70

图4.71

4.6.4 山茶花的操作注意事项及技术要领

①用"绕"的方法抖动挤出每一片花瓣。

②挤花蕊时应由外向里将花一圈圈地挤满。

任务7 菊花训练

4.7.1 准备工具

60号菊花嘴（图4.72）、裱花袋、裱花棒、剪刀、裱花台、裱花托。

60号

常用于制作
蛋糕围花边、菊花、菊花
瓣、杯子蛋糕

直径2.0 cm

高3.7 cm

图4.72 中号菊花嘴（60号裱花嘴）

4.7.2 准备材料

打发的植脂奶油、裱好花边的蛋糕胚、色素。

4.7.3 菊花的制作步骤

①裱花袋装入60号花嘴，用剪刀剪掉多余部分，在裱花袋里装上打发的鲜奶油。

②左手拿住裱花棒，尖头端向上沾上少许奶油，把裱花托放在裱花棒的尖头端上。

③右手持裱花袋，将裱花嘴贴于裱花托尖端，花嘴微向内倾斜，拔出一层花瓣包起成花

蕊，如图4.73、图4.74所示。

④沿着第一层的根部继续微向内倾斜拔一层花瓣，花瓣要略长于第一层，作为第二层包蕊，如图4.75、图4.76所示。

⑤沿着第二层的根部，继续微向内倾斜交错拔一层花瓣，花瓣要略长于第二层，作为第三层包蕊，如图4.77所示。

⑥将花嘴渐渐垂直，直至拔出第四、第五层花瓣，如图4.78、图4.79所示。

⑦将花嘴微向外倾斜10°，交错拔出第六层花瓣，如图4.80所示。

⑧将花嘴微向外倾斜20°，交错拔出第七层花瓣，此时菊花已制作完成，如图4.81所示。

⑨将制作好的菊花喷上黄色，用剪刀将其放入已经裱好花边的蛋糕坯中，如图4.82—图4.84所示。

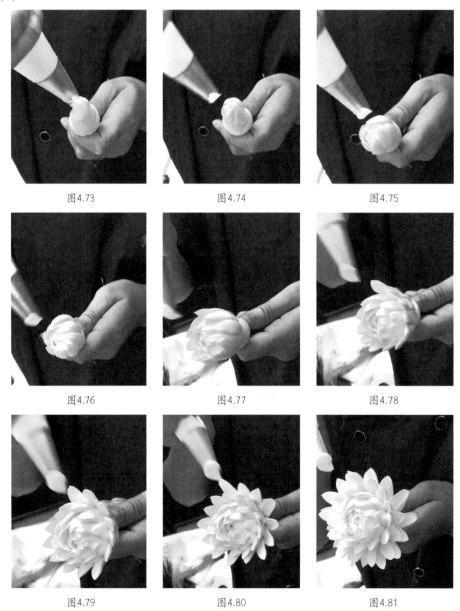

图4.73   图4.74   图4.75

图4.76   图4.77   图4.78

图4.79   图4.80   图4.81

图4.82

图4.83

图4.84

4.7.4 菊花的操作注意事项及技术要领

①挤花时，应注意每层花嘴的变换。

②菊花与大丽花的区别是：菊花的花蕊是包起来的，比大丽花大。

③花形饱满圆润，每层花瓣长度统一，层次分明，排列整齐。

项目 **5**

卡通蛋糕

任务1 机器猫

5.1.1 准备工具

45号大口8齿花嘴（中号花嘴）、裱花袋、剪刀、裱花台，如图5.1所示。

45号

常用于制作
芭比裙边波浪花纹、
蛋糕围边、星星花、
贝壳、曲奇饼

直径2.1 cm

高3.6 cm

图5.1　中号大口8齿（45号裱花嘴）

5.1.2 准备材料

打发的植脂奶油或动脂奶油、抹好的直角胚一个。

5.1.3 机器猫的制作步骤

①首先用抹刀在蛋糕胚上画出"十"字，然后分别在二分一的蛋糕胚上各画出一条横线，如图5.2—图5.4所示。

②根据蛋糕胚上横线的比例用牙签画出机器猫的轮廓，如图5.5、图5.6所示。

③将裱花袋装上白色奶油，用剪刀剪出小孔，在已画好的机器猫轮廓上挤上奶油纹路，以突出机器猫的立体感，如图5.7—图5.10所示。

④用黑色拉线膏在操作步骤③的基础上再加深机器猫轮廓，如图5.11—图5.13所示。

⑤在机器猫的眼睛和脸上挤喷细线条，如图5.14—图5.16所示。

⑥在机器猫的鼻子和脖子上挤上红色素，如图5.17—图5.19所示。

⑦在机器猫的舌头和铃铛上挤上黄色素，剩下的其他空地方用45号齿形裱花嘴挤上蓝色星星，如图5.20—图5.25所示。

5.1.4　机器猫的制作注意事项及技术要领

①画图要比例恰当。

②挤星花时要用力均匀，以确保每朵星花大小和高度一致。

图5.2　　　　　　　　　图5.3　　　　　　　　　图5.4

图5.5　　　　　　　　　图5.6　　　　　　　　　图5.7

图5.8　　　　　　　　　图5.9　　　　　　　　　图5.10

图5.11　　　　　　　　图5.12　　　　　　　　图5.13

图5.14　　　　　　　　图5.15　　　　　　　　图5.16

图5.17　　　　　　　　图5.18　　　　　　　　图5.19

图5.20　　　　　　　　图5.21　　　　　　　　图5.22

图5.23

图5.24

图5.25

任务2　兔　子

5.2.1　准备工具

45号大口8齿花嘴（中号花嘴）、裱花袋、剪刀、裱花台，如图5.26所示。

图5.26　中号大口8齿（45号裱花嘴）

5.2.2　准备材料

打发的植脂奶油或动脂奶油、抹好的直角胚一个、色素。

5.2.3　兔子的制作步骤

①首先用抹刀在蛋糕胚上画出"十"字，然后分别在二分一的蛋糕胚上各画出一条横线，把蛋糕胚表面平均分成四等份。在第二等份中间画出一条中分线；在第四等份中间画出一条中分线，如图5.27所示。

②以第二条线为起点，用牙签画出兔子的耳朵，如图5.28所示。

③继续画出兔子的头部，如图5.29所示。

④画出蝴蝶结，如图5.30所示。

⑤用稍稀一点的奶油根据画出的图案再描一次，以突出兔子的立体感，如图5.31—图

5.33所示。

　　⑥用巧克力拉线膏重复操作步骤⑤的动作，如图5.34—图5.36所示。

　　⑦在兔子的耳朵和脸部挤喷出细线，如图5.37—图5.39所示。

　　⑧在兔子图案外部用45号（图5.26）齿嘴挤满星花，步骤如图5.40—图5.44所示。

　　⑨用拉线膏画出眼睛，如图5.45、图5.46所示。

　　⑩在蝴蝶结上挤上红色的果膏，如图5.47所示。

　　⑪用黄色果膏挤出嘴巴，在嘴巴四周用拉线膏描一圈，以呈现立体感，此时兔子制作完成，如图5.48、图5.49所示。

图5.27　　　　　　　　图5.28　　　　　　　　图5.29　　　　　　　　图5.30

图5.31　　　　　　　　图5.32　　　　　　　　图5.33　　　　　　　　图5.34

图5.35　　　　　　　　图5.36　　　　　　　　图5.37　　　　　　　　图5.38

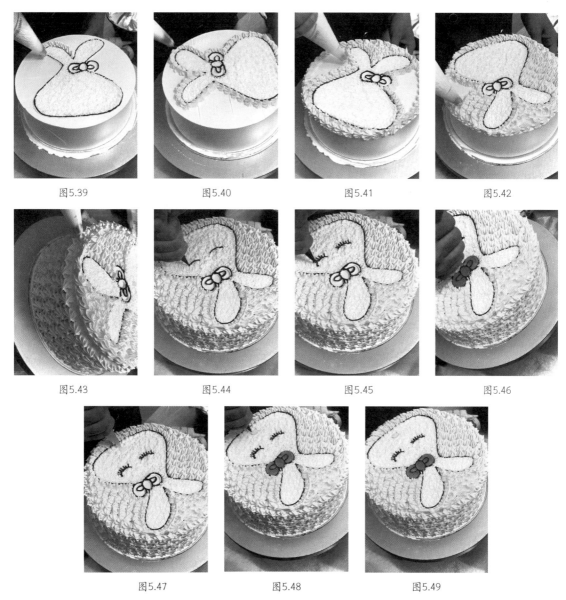

图5.39　　　　　　　　图5.40　　　　　　　　图5.41　　　　　　　　图5.42

图5.43　　　　　　　　图5.44　　　　　　　　图5.45　　　　　　　　图5.46

图5.47　　　　　　　　图5.48　　　　　　　　图5.49

5.2.4　兔子的制作注意事项及技术要领

①画图要比例恰当。

②挤星花时要用力均匀，以确保每朵星花大小和高度一致。

项目 **6**

象形蛋糕

小汽车

6.1.1 准备工具

45号大口8齿花嘴（中号花嘴）、裱花袋、剪刀、裱花台，如图6.1、图6.2所示。

图6.1 45号大口8齿花嘴　　　图6.2 中号大口8齿（45号裱花嘴）

6.1.2 准备材料

打发的植脂奶油或动脂奶油、蛋糕胚一个、色素。

6.1.3 小汽车的制作步骤

①用牙刀在蛋糕胚上切出两块大小一致的蛋糕，放在中间作为车棚，调整宽度和长度，剪去多余的部分，修整成小汽车模型，如图6.3—图6.5所示。

②在小汽车模型上均匀地抹上奶油，奶油尽量抹少些，如图6.6、图6.7所示。

③用裱花袋装上45号齿嘴（图6.1）挤上蓝色的星花，车窗和前挡风玻璃不挤蓝色星花，如图6.8所示。

④用拉线膏画出前挡风玻璃的轮廓，在前挡风玻璃的位置上挤上黄色的星花，用拉线膏画上雨刮器和车灯，在车灯位置挤上黄色的星花。再画出车的标志和写上车牌号码，如图6.9所示。

⑤用拉线膏画出车窗的轮廓和车尾灯，在车窗位置上挤上黄色的细线，在车尾灯位置挤上黄色星花，用奥利奥饼干贴上当车轮，此时小汽车制作完成，如图6.10所示。

6.1.4 小汽车的制作注意事项及技术要领

①注意小汽车的造型。

②因为后面还要挤星花，故在小汽车表面应尽量少抹奶油。

③挤星花时要用力均匀，以确保每朵星花大小和高度一致。

图6.3　图6.4　图6.5　图6.6

图6.7　图6.8　图6.9　图6.10

任务2 小女孩

6.2.1 准备工具

45号大口8齿花嘴（中号花嘴）、裱花袋、剪刀、裱花台，如图6.1、图6.2所示。

6.2.2 准备材料

打发的植脂奶油或动脂奶油、抹好的直角胚一个、色素。

6.2.3 小女孩的制作步骤

①首先用牙签在蛋糕胚上画出小女孩的发型，如图6.11所示。

②用45号花嘴挤上小女孩的头发，如图6.12所示。

③继续在侧面挤出小女孩的辫子，如图6.13、图6.14所示。

④挤上蝴蝶结，如图6.15所示。

⑤用黑色拉线膏画出小女孩的眉毛，如图6.16所示。

⑥用黑色拉线膏画出小女孩的眼睛，如图6.17所示。

⑦用黑色拉线膏画出小女孩的鼻子和嘴巴，如图6.18所示。

⑧用喷粉给小女孩脸部喷上腮红，如图6.19所示。

⑨最后在小女孩脸上挤上心形图案作为围边，此时小女孩蛋糕制作完成，如图6.20、图6.21所示。

图6.11　　　　　　图6.12　　　　　　图6.13　　　　　　图6.14

图6.15　　　　　　图6.16　　　　　　图6.17　　　　　　图6.18

图6.19　　　　　　图6.20　　　　　　图6.21

6.2.4 小女孩的制作注意事项及技术要领

①注意小女孩的造型。
②抹胚光滑。
③画五官时要神似。

任务3 寿桃蛋糕

6.3.1 准备工具

裱花袋、剪刀、裱花台、透明软刮、吻刀、牙签。

6.3.2 准备材料

打发的植脂奶油、色素。

6.3.3 寿桃蛋糕的制作步骤

①在寿桃蛋糕胚上抹上奶油，用吻刀吻成寿桃形状，如图6.22、图6.23所示。
②用透明软刮将寿桃蛋糕胚修整成光滑的寿桃形，如图6.24、图6.25所示。
③在寿桃上交替喷上红色和黄色，如图6.26所示。
④把裱花袋剪成叶嘴（或者用大号叶嘴）装上绿色奶油，在寿桃上挤上叶子，用牙签画出叶子的纹路，如图6.27—图6.29所示。
⑤在寿桃左右两面分别挤出仙鹤的身体和羽毛，如图6.30、图6.31所示。
⑥用拉线膏分别挤上仙鹤的嘴巴、眼睛和脚，如图6.32、图6.33所示。
⑦在仙鹤头顶上挤上红色的冠，如图6.34所示。
⑧用写字膏写出"寿比南山"4个字，寿桃蛋糕制作完成，如图6.35、图6.36所示。

图6.22

图6.23

图6.24

图6.25

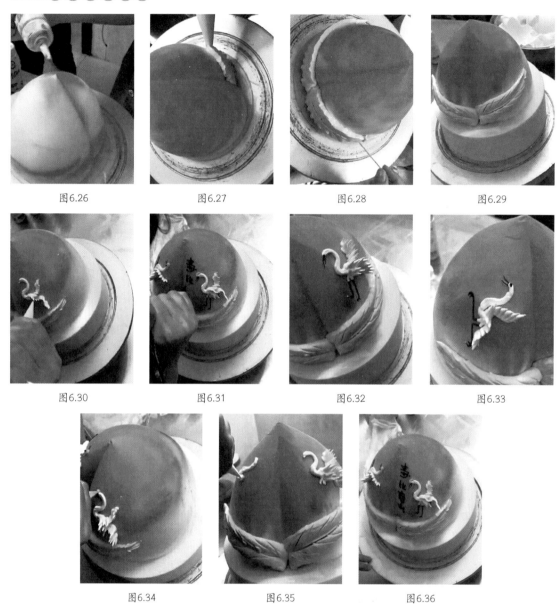

图6.26　　　　　　　图6.27　　　　　　　图6.28　　　　　　　图6.29

图6.30　　　　　　　图6.31　　　　　　　图6.32　　　　　　　图6.33

图6.34　　　　　　　图6.35　　　　　　　图6.36

6.3.4　寿桃的制作注意事项及技术要领

①注意寿桃的造型。

②抹胚要求光滑，并且形似桃子。

③画好仙鹤。

项目 **7**

场景蛋糕

任务1 **彩虹蛋糕**

7.1.1 准备工具

裱花袋、剪刀、裱花台。

7.1.2 准备材料

打发的植脂奶油、抹好的蛋糕胚一个、色素。

7.1.3 彩虹蛋糕的制作步骤

①在裱花袋中装上紫色奶油，用剪刀剪个小口，顺着蛋糕的边缘弧度挤喷细线，弧度刚好是蛋糕胚的一半，如图7.1所示。

②在紫色细线内弧用同样的方法挤喷出黄色细线，如图7.2所示。

③在黄色细线内弧用同样的方法挤喷出蓝色细线，如图7.3、图7.4所示。

④在蓝色细线内弧用同样的方法挤喷出粉色细线，如图7.5所示。

⑤在粉色细线内弧用同样的方法挤喷出绿色细线，如图7.6所示。

⑥在彩虹的两头接口处用白色奶油挤出白云，如图7.7所示。

⑦在蛋糕侧面挤上白色和蓝色，最后写上英文单词"Happy Birthday"，彩虹蛋糕制作完成，如图7.8、图7.9所示。

图7.1 图7.2 图7.3

图7.4 图7.5 图7.6

图7.7 图7.8 图7.9

7.1.4 彩虹蛋糕的制作注意事项及技术要领

①注意绘制彩虹的弧度。

②注意挤细线的正确手法。

任务2 蜘蛛侠

7.2.1 准备工具

裱花袋、剪刀、裱花台。

7.2.2 准备材料

打发的植脂奶油、抹好的蛋糕胚一个、色素。

7.2.3 蜘蛛侠蛋糕的制作步骤

①首先在蛋糕胚上用拉线膏画出"十"字，如图7.10所示。

②分别在"十"字的对角中分，如图7.11所示。

③连接每条边画弧线，以形成蜘蛛网，如图7.12—图7.14所示。

④用黄色奶油在蛋糕侧面的下部画上不规则的细线，如图7.15、图7.16所示。

⑤黄色奶油加少量忌廉水和匀，填满不规则的图案，如图7.17所示。

⑥用拉线膏把不规则的图案重画一遍，使之呈现出立体感，如图7.18、图7.19所示。

⑦把蜘蛛侠放在蜘蛛网中心，撒上适量的银珠糖，此时蜘蛛侠蛋糕制作完成，如图7.20、图7.21所示。

图7.10	图7.11	图7.12	图7.13
图7.14	图7.15	图7.16	图7.17

图7.18

图7.19

图7.20

图7.21

7.2.4 蜘蛛侠蛋糕的制作注意事项及技术要领

①抹胚要求光滑。

②画蜘蛛网的比例要大小一致。

项目 **8**

其他类蛋糕

任务1 芭比蛋糕

8.1.1 准备工具

52号圆口花嘴（中号花嘴）、裱花袋、剪刀、裱花台，如图8.1所示。

52号

常用于制作芭比泡泡浴、蛋糕围边、小动物造型、圆点、杯子蛋糕

直径2.0 cm

高3.8 cm

图8.1 中号0.7 cm圆口（52号裱花嘴）

8.1.2 准备材料

打发的植脂奶油或动脂奶油、抹好的直角胚一个、粉红色素适量。

8.1.3 芭比娃娃泡泡浴的制作步骤

①裱花袋装入52号圆口嘴，用剪刀剪掉多余部分，在裱花袋里装上打发的鲜奶油，另外用裱花袋装上粉红色奶油，用剪刀剪出0.2 cm圆口。

②右手持粉红色奶油裱花袋，圆口嘴与蛋糕表面呈45°角，距蛋糕约3 mm，均匀用力，上下来回重复拉出细线（图8.2），左手顺时针转动转台，两手默契配合。如此重复、连续动作裱完蛋糕胚的一圈，步骤分解如图8.3—图8.5所示。

③裱完蛋糕胚的一圈后，圆口嘴稍稍向蛋糕胚中心移动，重复操作步骤②的动作，如图8.6、图8.7所示。

④在蛋糕中心处挤上适量奶油，用于固定芭比娃娃，如图8.8、图8.9所示。

⑤把芭比娃娃安放坐在中间处的奶油里，如图8.10所示。

⑥在娃娃的胸部位置挤出衣服，如图8.11、图8.12所示。

⑦最后，用装有52号圆口嘴的白色奶油在娃娃的腿脚部及周围空出的地方挤上白色小圆点，作为泡沫，此时芭比娃娃泡泡浴作品完成，如图8.13—图8.17所示。

图8.2　　　　　　　图8.3　　　　　　　图8.4　　　　　　　图8.5

图8.6　　　　　　　图8.7　　　　　　　图8.8　　　　　　　图8.9

图8.10　　　　　　　图8.11　　　　　　　图8.12　　　　　　　图8.13

图8.14   图8.15   图8.16   图8.17

8.1.4 制作芭比娃娃泡泡浴的注意事项及技术要领

①花边要做到层次明显有立体感，蛋糕花边收口边应放在同一位置，即后侧。

②操作花边时尽量采用一只手持裱花袋、一只手转动转盘的方法，这种方法可提升操作速度也可提高左右手的配合能力。

③做花边时尽量一次性做好一条花边，若手中奶油较少不易挤出时，则不要继续挤下去，否则会降低速度并且更易使花边变形。

任务2 花篮蛋糕

8.2.1 准备工具

56号双排嘴或者57号单排嘴（中号花嘴）（图8.18）、67号玫瑰花嘴（中号花嘴）（图8.19）、裱花袋、剪刀、裱花棒、裱花台、裱花托。

56号
常用于制作蛋糕围花边、编花篮、栅栏、芭比蛋糕裙摆、杯子蛋糕

直径2.0 cm

高3.4 cm

图8.18 中号双排齿
（56号双排嘴）

67号
常用于制作芭比蛋糕裙摆、水仙花、牵牛花、玫瑰花花瓣、五花瓣、三色堇

直径2.0 cm

高3.7 cm

图8.19 中号直口玫瑰
（67号玫瑰花嘴）

8.2.2 准备材料

打发的植脂奶油、抹好的直角胚一个、色素。

8.2.3 花篮的制作步骤

①裱花袋装入56号双排嘴，用剪刀剪掉多余部分，在裱花袋里装上打发的鲜奶油。

②右手持裱花袋，裱花嘴垂直，距蛋糕约3 mm，均匀用力，先竖着裱出1条花边，如图8.20所示。

③然后横着裱出3条花边，3条横的花边长短大致相同，如图8.21所示。

④继续竖着裱出1条花边，位置为刚好覆盖3条横的花边的尾部，如图8.22所示。

⑤依此类推，如此反复（1条竖→3条横→1条竖→2条横）裱，左手顺时针转动转台，两手默契配合。直到裱完蛋糕的围边，如图8.23—图8.25所示。

图8.20　　　　　　图8.21　　　　　　图8.22

图8.23　　　　　　图8.24　　　　　　图8.25

8.2.4 玫瑰花的制作步骤

①裱花袋装入67号花嘴，用剪刀剪掉多余部分，在裱花袋里装上打发的鲜奶油。

②左手拿住裱花棒，尖头端向上，沾上少许奶油，然后把裱花托放在裱花棒的尖头端上。

③右手持裱花袋，裱花嘴窄端向上，紧贴裱花托左手转动裱花棒，右手带动奶油将裱花托尖头包好，作为花蕊，这时不能露出裱花托的尖头，如图8.26所示。

④以第一片花蕊的中间处为起点、用画"n"字的手法裱出第一片花瓣，要高于第一片

花蕊并且包住第一片花蕊，如图8.27所示。

⑤右手拿裱花袋，以裱花嘴贴住在第一片花瓣的中间位置为起点，用画"n"字手法裱出第二片花瓣，左手继续转动裱花棒，第二片花瓣要高于第一片花瓣，用同样手法裱出第三片花瓣，第一层玫瑰花瓣制作完成，3片花瓣作为一层，如图8.28所示。

⑥第二层的第一片花瓣，裱花嘴贴在前一片花瓣的中间位置，并以此为起点，以花嘴垂直90°的手法画"n"字裱出第二层的第一片花瓣，左手配合默契地转动裱花棒。用相同手法继续裱出2片花瓣即完成第二层花瓣的制作，如图8.29—图8.31所示。第二层的每一片花瓣都要略低于第一层。

⑦第三层的玫瑰花瓣制法和第二层制法相同，只是花瓣在收尾时相比第二层要拉长一些，第三层的花瓣略低于第二层，如图8.32所示。

⑧第四层的玫瑰花瓣是以花嘴倾斜45°的手法绕"n"字，第四层相比前两层花瓣稍微向外摊开。第四层花瓣长度应尽量长短一致，尽量让玫瑰花花形显得圆润些，花瓣不要拉得太长。第四层的花瓣略低于第三层，如图8.33所示。此时玫瑰花制作完毕。

⑨最后用喷粉喷上各种颜色，用剪刀将玫瑰花夹出来放在花篮奶油蛋糕上。放玫瑰花的地方要提前挤少量的鲜奶油在蛋糕表面，这样玫瑰花才能稳固，如图8.34—图8.36所示。

⑩将玫瑰花放入花篮中，挤上叶子，花篮蛋糕制作完毕，如图8.37所示。

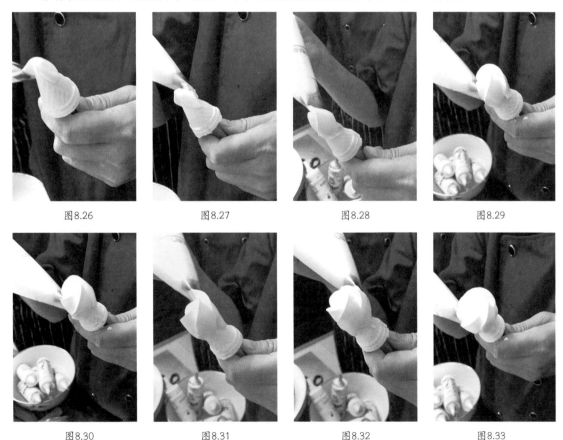

| 图8.26 | 图8.27 | 图8.28 | 图8.29 |

| 图8.30 | 图8.31 | 图8.32 | 图8.33 |

| 图8.34 | 图8.35 | 图8.36 | 图8.37 |

8.2.5 制作玫瑰花篮的注意事项及技术要领

①裱花篮花边时应注意间隔合理，这样才能使所裱出的花篮美观大方。

②玫瑰花裱3～4层即可。注意花形整体饱满，花蕊紧凑。

巧克力配件

任务1 认识巧克力

目前市场上的巧克力可分为3类。

1）可可脂

可可脂（CB），也就是真正的巧克力。热带地区可可树结的果子，果荚种子经过发酵炒制磨粉压榨后滤得的固态油脂，残渣就是可可粉。

2）代可可脂

代可可脂（CBR）是棕榈油经过氢化等温分级提取出来的氢化油，含有反式脂肪，口感不好且不健康。但产量大，价格低廉。

3）类可可脂

类可可脂（CBE）是某些植物油脂如牛油果（鳄梨）、沙罗果油脂经过分级提取而成，少了氢化加工的工业化处理，其成品依赖于植物的种植，口感与可可脂相似，无氢化反式脂肪。

真正的巧克力里含有可可脂，可可脂是多晶形的，在不同的温度凝固条件下，它会形成不同类型的晶体，导致做出来的巧克力熔在嘴里时口感也会不一样。恰当地给巧克力调温，可保证它在人们品尝时外表光滑，内里柔软。因此，制作巧克力需要调温。

廉价巧克力大多是不能进行调温的。天然可可脂价格昂贵，市场上大多数的巧克力使用的都是代可可脂与类可可脂。如果想要自己动手制作巧克力，请选择那些被称为Couverture的巧克力，按照规定，只有天然可可脂含量至少为31%的巧克力才能被冠名为Couverture（法语为"巧克力层"的意思）。

任务2 巧克力棒

9.2.1 巧克力棒 A

1）设备

大理石案台、空调。

2）准备工具

铲刀（图9.1）、曲抹刀（图9.2）、带齿刮板（图9.3）。

  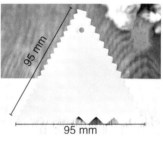

图9.1 铲刀　　　　　　图9.2 曲抹刀　　　　　图9.3 带齿刮板

3）准备材料

黑巧克力、白巧克力。

4）巧克力棒的制作步骤

①将白巧克力、黑巧克力隔水溶化。

②将溶化后的巧克力倒在大理石上，用曲抹刀进行调温，如图9.4、图9.5所示。

③用铲刀把调好温的白巧克力四周修理平整，去掉多余的部分，然后用带齿刮板刮出纹路。

④将黑巧克力用相同的方法溶化调温，待白巧克力凝固后，再将黑巧克力铺在上面，继续进行调温，如图9.6—图9.8所示。

⑤待大理石上的巧克力冷却到合适温度后，用铲刀将调好温的黑巧克力四周修理平整，去掉多余的部分。双手拿住铲刀，铲刀与台面保持15°角（注意手指不能露在铲刀外面），迅速向前直推，将其铲成黑白相间的直棒，如图9.9所示，成品展示如图9.10、图9.11所示。

图9.4　　　　　　　　　　图9.5

94

图9.6

图9.7

图9.8

图9.9

图9.10

图9.11

9.2.2 巧克力棒 B

1）设备

大理石案台、空调。

2）准备工具

铲刀（图9.1）、曲抹刀（图9.2）。

3）准备材料

黑巧克力。

4）巧克力棒的制作步骤

①将黑巧克力隔水溶化。

②把溶化后的黑巧克力倒在大理石上，用曲抹刀进行调温，如图9.12所示。

③用铲刀把调好温的巧克力四周修理平整，去掉多余的部分，如图9.13所示。

④待大理石上的巧克力冷却到适合温度后，双手拿住铲刀，铲刀与台面保持45°角或者铲刀与台面保持15°角（注意手指不能露在铲刀外面，角度的大小决定着巧克力条的大小），沿着边缘迅速将巧克力向前铲起，让其自然卷起成螺旋的巧克力条，如图9.14—图9.17所示。

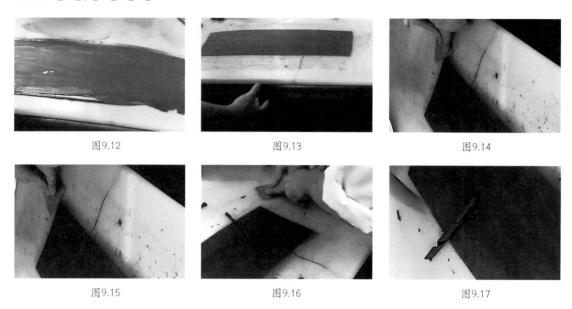

图9.12   图9.13   图9.14

图9.15   图9.16   图9.17

任务3   巧克力玫瑰花瓣

9.3.1   设备

大理石案台、空调。

9.3.2   准备工具

曲抹刀（图9.2）、抹刀（图9.18）。

图 9.18   抹刀

9.3.3   准备材料

白巧克力、粉红色素。

9.3.4 巧克力玫瑰花瓣的制作步骤

①白巧克力隔水溶化，调成粉红色，倒在大理石上，用曲抹刀进行调温，如图9.19所示。

②待大理石上的巧克力冷却到适合温度后，用抹刀的尾部贴住台面向前铲出花瓣，如图9.20所示。

③继续重复步骤②的操作，把玫瑰花瓣一片片铲出，如图9.21—图9.23所示。

④待玫瑰花瓣完全冷却定型后，将它粘在蛋糕上做围边，如图9.24所示。

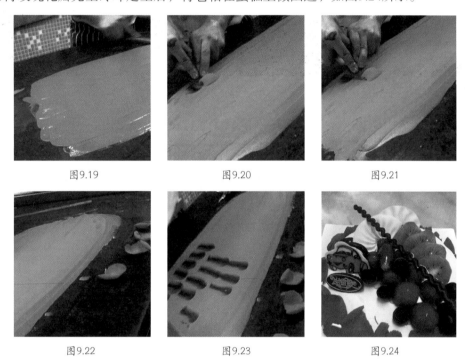

图9.19　　　　　　　　图9.20　　　　　　　　图9.21

图9.22　　　　　　　　图9.23　　　　　　　　图9.24

任务4　巧克力花

9.4.1 巧克力花 A

1）设备

大理石案台、空调。

2）准备工具

铲刀（图9.1）、曲抹刀（图9.2）、带齿刮板（图9.3）。

3）准备材料

黑巧克力。

4）巧克力花的制作步骤

①黑巧克力隔水溶化。

②将溶化后的黑巧克力倒在大理石上，用曲抹刀进行调温，如图9.25所示。

③用铲刀把调好温的巧克力四周修理平整，去掉多余的部分，如图9.26所示。

④待大理石上的巧克力冷却到适合温度后，右手拿住铲刀，铲刀与台面保持45°角，左手指放在铲刀上面，手指露出铲刀外面约0.5 cm，迅速向前直推，让其自然卷起成带纹路的花瓣，接着将花瓣两头贴上成弧状的巧克力花成品，如图9.27、图9.28所示。

图9.25　　　　　　　　图9.26　　　　　　　　图9.27　　　　　　　　图9.28

9.4.2　巧克力花 B

1）设备

大理石案台、空调。

2）准备工具

铲刀（图9.1）、曲抹刀（图9.2）、带齿刮板（图9.3）。

3）准备材料

黑巧克力。

4）巧克力花的制作步骤

①黑巧克力隔水溶化。

②将溶化后的巧克力倒在大理石上，用曲抹刀进行调温，如图9.25所示。

③用铲刀把调好温的巧克力四周修理平整，去掉多余的部分，如图9.26所示。

④用带齿刮板在巧克力的边缘刮出纹路，如图9.29所示。

⑤铲刀与巧克力的边缘保持45°角，左手指在铲刀上面，手指露出铲刀外面约0.5 cm，迅速向前直推，让其自然卷起形成带纹路的花瓣，接着把花瓣两头贴上成弧状的巧克力花，并整理好花纹，如图9.30、图9.31所示。

 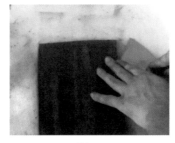 

图9.29　　　　　　　　　图9.30　　　　　　　　　图9.31

任务5　巧克力围边

9.5.1　巧克力围边 A

1）设备

大理石案台、空调。

2）准备工具

铲刀（图9.1）、曲抹刀（图9.2）、刮板（图9.32）、尺子（图9.33）。

图9.32　刮板

图9.33　尺子

3）准备材料

黑巧克力、白巧克力、透明巧克力转印纸、绿色素。

4）巧克力围边的操作步骤

①黑巧克力、白巧克力分别隔水溶化，将白巧克力调成绿色并用曲抹刀进行调温。

②把调好温的绿色巧克力倒在透明巧克力转印纸上面抹平，如图9.34所示。

③把黑巧克力也用曲抹刀进行调温，待绿色巧克力凝固后，把它铺在绿色巧克力上面抹平，如图9.35—图9.37所示。

④用铲刀把调好温的巧克力四周修理平整，去掉多余的部分，用尺子量出2 cm宽，用刮板顺着尺子刮出一条条纹路，如图9.38所示。

⑤然后卷起用透明胶粘连固定，放入冰箱冷冻，如图9.39所示。

⑥从冰箱里将冻硬的巧克力拿出来，剪掉透明胶，然后慢慢地将冻硬的巧克力拆开拿出来，即可用来围边，如图9.40—图9.42所示。

图9.34　　　　　　　　　　图9.35　　　　　　　　　　图9.36

图9.37　　　　　　　图9.38　　　　　　　图9.39

图9.40　　　　　　　图9.41　　　　　　　图9.42

9.5.2　巧克力围边 B

1）设备

大理石案台、空调。

2）准备工具

铲刀（图9.1）、曲抹刀（图9.2）、剪刀、裱花袋。

3）准备材料

白巧克力、透明巧克力转印纸（或油纸）、绿色素。

4）巧克力围边的制作步骤

①白巧克力隔水溶化，调成绿色并用曲抹刀进行调温。

②把调好温的绿色巧克力装入裱花袋，用剪刀剪个小口，方向垂直于转印纸，先向上→向下→再回到上→反扭出一个小圆圈→再向下挤出线条，如此重复直到挤到底部为止，如图9.43—图9.47所示。

图9.43　　　　　　　图9.44　　　　　　　图9.45

图9.46　　　　　　　　　　　图9.47　　　　　　　　　　　图9.48

　　附其他常用的巧克力配件：水滴状巧克力配件（图9.49）、心形巧克力配件（图9.50）、树叶巧克力配件（图9.51）。

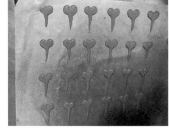

图9.49　　　　　　　　　　　图9.50　　　　　　　　　　　图9.51

任务6　制作巧克力配件的注意事项及技术要领

　　①制作巧克力的配件必须首先要了解每种巧克力块的性能，有些巧克力熔点较高，有些巧克力溶点较低，溶化巧克力的水温也有区别。巧克力用50～60 ℃的水就可以溶化了，而溶点高的巧克力就要使用水温为80 ℃以上的水才可以完全溶化。

　　②在制作装饰线条时更要将巧克力调温，也就是把已溶化的在35 ℃左右的巧克力（这时巧克力较为软稀，吊线条时会渗开变粗线）放入一小部分已切碎的巧克力，再进行搅拌溶解，这样温度就会降到28 ℃以下，巧克力也会变得稠一点，这样吊线条时巧克力就不会散开，从而使线条变得更有立体感。

　　③用于制作铲花或铲卷的巧克力搅拌时间稍长，这样光泽度才会更好。最佳的操作案台是大理石案台，大理石案台不仅平滑，而且散热较快，铲起来也更方便。

　　④铲花的巧克力抹在大理石案台上时要尽量薄些，这样折皱才更有立体感。

　　⑤铲卷的巧克力抹在大理石案台上就需要稍厚些，这样卷起来的巧克力卷才较粗些，若做一些巧克力模具之类的装饰物不用调温的巧克力就可以了，这样光泽度会更好些。但要记住一定要放进冰箱里，并在20 min之内取出，因为时间一长巧克力就会有水珠。若放已做好的巧克力装饰物在冰箱时需要用保鲜盒加盖储存，以防水珠渗入受潮。

蛋糕类

任务1 戚风蛋糕胚

10.1.1 设备

烤箱、打蛋机。

10.1.2 准备工具

8寸蛋糕模具、不锈钢盆、搅拌器、凉网。

10.1.3 准备材料

鸡蛋、面粉、玉米粉、泡打粉、塔塔粉、大豆油、水。

10.1.4 配方

1）蛋白

鸡蛋白5只、白糖100 g、塔塔粉2 g。

2）面糊

鸡蛋黄5只、低筋面粉90 g、玉米粉10 g、清水50 g、大豆油40 g、盐1 g、泡打粉1.5 g。

10.1.5 戚风蛋糕胚的制作步骤

①烤箱提前预热至面火170 ℃，底火150 ℃。

②面糊调制：把清水、大豆油、盐称量于不锈钢盆中；低筋面粉，玉米粉，泡打粉过筛入①中，用搅拌器搅拌均匀，然后加入鸡蛋黄搅拌均匀无颗粒备用，如图10.1所示。

③蛋白打发：鸡蛋白与白糖、塔塔粉一起放入打蛋桶内，先用慢速搅打1～2 min使部分

糖溶解；用中速或高速搅打至蛋白呈波浪纹，最后用慢速消泡30 s，将打蛋球竖起蛋白呈火尖状，如图10.2所示。

④把打发好的鸡蛋白的1/3与面糊和匀（顺一方向），然后倒入打发好的蛋白中，用手轻而快（顺一方向）搅拌均匀，将搅拌好的蛋糊（可以缓慢流动）在高于模具15 cm处倒入模具，然后将模具轻轻碰触桌面上震动几下，震出大气泡，用牙签挑破表面小气泡。如果怕内部有气泡，可以用牙签再插入面糊内部画圈。将模具放入预热好的烤箱，烘烤45 min左右。若看到蛋糕涨起后回落，则是已经熟了，即可取出。

⑤把烤熟的蛋糕连模具一起，在距离桌面30 cm处下落，震出热气，然后马上倒扣。倒扣至少2 h，等蛋糕完全凉透即可脱模，如果热的时候脱模蛋糕会回缩，如图10.3所示。

图10.1　　　　　　　　图10.2　　　　　　　　图10.3

图10.4　　　　　　　　图10.5　　　　　　　　图10.6

10.1.6　制作戚风蛋糕的注意事项及技术要领

①保证搅拌桶和打蛋球不能有油脂，否则会影响蛋白的打发。

②把蛋清和蛋黄分开，一定要确保蛋清里不能混入蛋黄，否则会影响蛋白打发。

③烤箱要提前预热。

④拌浆的手法要正确，轻而快、顺一方向搅拌均匀。

⑤面糊倒入模具后，其高度应该位于模具六至八成的位置，如果没有这么多则是消泡了。

⑥烤好的蛋糕表面金黄，不凹陷，表面没有粉屑，如图10.4、图10.5所示。

⑦组织细腻，松软，内部气孔细密，口感润滑，如图10.6所示。

任务2 整形蛋糕（慕斯蛋糕）

10.2.1 准备工具

8寸圆形涟漪慕斯蛋糕硅胶模具（图10.7）、6寸圆形蛋糕模具（图10.8）、多功能搅拌器（图10.9）、抹刀（图10.10）。

图10.7　8寸圆形涟漪慕　　图10.8　6寸圆形蛋糕模具　　图10.9　多功能搅拌器　　图10.10　抹刀
　　　　　斯蛋糕硅胶模具

10.2.2 准备材料

1）夹心用蛋糕底坯原料

鸡蛋4个、低筋面粉62.5 g、纯牛奶62.5 g、玉米油50 g、糖粉12.5 g、几滴柠檬汁、塔塔粉2.5 g、砂糖62.5 g、盐0.5 g。

2）核桃榛子脆底原料

核桃仁98 g、榛子仁159 g、黄糖25 g、牛油45 g、面粉75 g。

3）草莓夹心原料

草莓果蓉136 g、糖36 g、鱼胶片10 g、苹果胶10 g。

4）百香果白巧克力慕斯原料

淡奶油200 g、鱼胶片20 g、纯牛奶90 g、白巧克力500 g、糖粉60 g、打发奶油720 g、百香果果蓉90 g。

5）绿色镜面光亮淋面原料

葡萄糖浆100 g、吉利丁片10 g、水150 g、白巧克力150 g、糖粉300 g、甜炼乳200 g、绿色素3 g。

10.2.3 慕斯类整形蛋糕的装饰制作步骤

①夹心用蛋糕底坯制作：将蛋白加入塔塔粉稍微打发后分3次加糖打发到七成；粉类过筛，剩余原料与蛋黄混合均匀搅拌将蛋黄部分与蛋清部分混合均匀，投入6寸圆形蛋糕模具，烤箱160 ℃烤制40 min；将烤好的蛋糕取出倒置冷却备用。

②核桃榛子脆底制作：将糖与牛油进行搅打至糖完全融化，加入切碎的榛子仁、核桃仁，搅拌均匀，在高温布上用圆形模具做饼，160 ℃烤制20 min。

③草莓夹心的制作：将草莓果蓉煮开，加入糖和果胶片搅拌均匀，降温后加入鱼胶片倒入圆形模具备用。

④百香果白巧克力慕斯的制作：将白巧克力与泡软鱼胶片加入煮开的牛奶、糖、果蓉溶液中，温度为36～40 ℃时加入打发至七成的淡奶油。

⑤绿色镜面光亮淋面的制作：将细砂糖、葡萄糖浆、纯净水煮沸至104 ℃；离火加入白巧克力搅拌均匀。加入炼乳、泡软的鱼胶片，搅匀等待降温，加入绿色素调色，冷却备用。

⑥将步骤①～⑤制作成品进行组合制作，如图10.11所示。

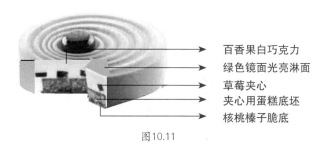

百香果白巧克力
绿色镜面光亮淋面
草莓夹心
夹心用蛋糕底坯
核桃榛子脆底

图10.11

10.2.4 制作整形蛋糕的注意事项及技术要领

①慕斯底胚必须要冻够硬才能脱模，否则会破坏蛋糕造型。
②掌握好淋面的温度。
③要注意蛋糕中心温度的控制，要求中心温度为8～12 ℃。
④注意蛋糕组织内部组织的均匀度。

任务3 千层蛋糕

10.3.1 准备工具

8寸平底不粘锅、不锈钢盆、搅拌器、汤勺、密筛。

10.3.2 准备材料

1）千层皮配方
鸡蛋5只、白糖100 g、低筋面粉125 g、玉米粉50 g、纯牛奶500 g、大豆油50 g。
2）馅的配方
淡奶油500 g、芒果肉500 g。

10.3.3 千层蛋糕的制作步骤

①净鸡蛋与白糖一起放入不锈钢盆中，用搅拌器搅拌至糖溶解，注意鸡蛋不能打起发，如图10.12所示。

②加入纯牛奶和大豆油拌匀，最后加入过筛的低筋面粉和玉米粉搅拌均匀，如图10.13、图10.14所示。

③用密筛过滤两次，使面浆更加细腻，静置20 min，使之消泡，如图10.15、图10.16所示。

④不粘锅加热，用汤勺打满一勺面浆倒入锅中，使之厚薄均匀，小火煎熟成千层皮。如此反复煎完面浆，如图10.17—图10.19所示。

⑤把淡奶油打发，再将千层皮放在蛋糕底垫上，每放一层，抹上一层薄薄的奶油，放到5层后从第6层开始，奶油的上面放上芒果粒，在芒果粒上面再抹上一层奶油，如图10.20所示。

⑥如此反复，直到千层皮放完，大约12层，如图10.21、图10.22所示。

图10.12　　　　　　　　　图10.13　　　　　　　　　图10.14

图10.15　　　　　　　　　图10.16　　　　　　　　　图10.17

图10.18　　　　　　　　　图10.19　　　　　　　　　图10.20

图10.21　　　　　　　　　　图10.22

10.3.4　制作千层蛋糕的注意事项及技术要领

①注意鸡蛋不能打起发，面浆调好后最好放冰箱冷藏20 min消泡。

②煎第一张饼皮时要刷少量油，后面煎的就不用刷油了。

杏仁膏

现以福娃晶晶杏仁膏塑形举例。

11.1.1　准备工具

翻糖工具如图11.1所示。

图11.1　翻糖工具

11.1.2　准备材料

杏仁膏100 g，翻糖膏10 g，黑色素、绿色素、白色素、灰色素、黑色素适量。

11.1.3　福娃晶晶的塑形制作步骤

①戴上橡胶手套，用塑形刀取15.2 g杏仁膏，用白色素调成白色面团，用手将15 g杏仁

膏搓成圆形，稍稍压扁，将其作为福娃晶晶的头部，留下0.2 g作眼珠备用（图11.2）。

②用塑形刀取3 g杏仁膏，用灰色素调成灰色面团，制成圆薄形，切制成半圆形（图11.3），与步骤①中的头部组合。

③用塑形刀取2 g翻糖膏，用黑色素调成黑色面团，制成福娃的头饰（图11.4）。

④用塑形刀分别取2 g和1 g翻糖膏，用黑色素调成黑色面团，用开眼刀将其制成福娃的眼睛、鼻子，再将0.2 g白色面团分成2份搓圆作为眼珠镶嵌在眼睛中间（图11.5）。

⑤用塑形刀取2份4 g杏仁膏，调成黑色面团，制成两个半圆形，作为福娃的耳朵并进行组合（图11.6）。

⑥用塑形刀取3份3 g杏仁膏，用绿色素调成绿色面团，制成3个橄榄叶形的福娃背景装饰物，然后再进行组合，形成福娃的头部（图11.7、图11.8）。

⑦用塑形刀分别取2份5 g杏仁膏，2份8 g杏仁膏，调成黑色制成福娃的两只胳膊、两条腿（图11.9）；继续选取12 g的杏仁膏调成白色制成熊猫的肚子，然后组合制成福娃的身体，备用。

⑧将头部（图11.8）与身体（图11.9）组合形成完整的福娃晶晶的整体构造（图11.10）。

图11.2　　　　　　　　　图11.3　　　　　　　　　图11.4

图11.5　　　　　　　　　图11.6　　　　　　　　　图11.7

图11.8　　　　　　　　　图11.9　　　　　　　　　图11.10

11.1.4　杏仁膏塑形的注意事项及技术要领

①杏仁膏的捏塑首先要将密封包好的杏仁膏用手搓软一点，揉杏仁糕时要掌握好度，揉至光滑即可，有光泽度时就可以开始捏塑，不能多揉。

②在捏动物前首先要想好动物的形状，然后从身体、手脚做起，再做头部，最后用巧克力软膏或软巧克力酱点上眼睛，做好的杏仁膏装饰物最好放冰箱储藏，因为放置在外面的话，时间一长就会干皮，使外观失去光泽，从而造成口感不好。

③福娃眼睛的制作要形神兼备，眼部制作要充分反映动物的心理活动。

十二生肖

项目 **12**

任务1　鼠

12.1.1　准备工具

裱花袋、剪刀、裱花台、蒙布朗嘴（小草嘴，图12.1）。

75号

常用于制作芭比蛋糕泡泡浴、线条等造型、杯子蛋糕、草地等

直径2.4 cm

高2.9 cm

图12.1　大号蒙布朗嘴（75号裱花嘴）

12.1.2　准备材料

打发的植脂奶油、抹好的蛋糕胚一个、拉线膏、色素。

12.1.3　鼠的制作步骤

①在抹好的蛋糕胚上淋上一圈红色果膏，然后在果膏里面用小草嘴挤上小草，如图12.2、图12.3所示。

②用拉线膏挤上"8"字形线条，如图12.4所示。

③裱花袋剪成圆形并装上白色奶油，轻贴蛋糕的小草表面，倾斜挤出臀部圆球，然后顺势向上挤出弓腰形体，如图12.5所示。

④在鼠胸的前端两侧，分别挤出前腿，在身体臀部的两侧插入，挤出后大腿，如图12.6所示。

⑤挤出鼠的尾巴，如图12.7所示。

⑥挤出鼠的耳朵，如图12.8所示。

⑦挤出鼠的胡须，如图12.9所示。

⑧用黑色拉线膏描出耳朵轮廓，并画出鼠的眉毛和眼睛，如图12.10所示。

⑨用黑色拉线膏点出鼠的嘴巴和脚趾，如图12.11所示。

⑩在鼠的身体表面喷上黄色素，此时鼠制作完成，如图12.13所示。

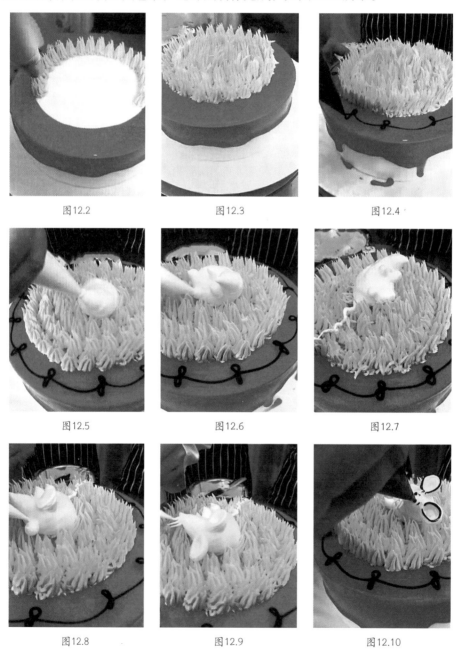

图12.2　　　　　　　　图12.3　　　　　　　　图12.4

图12.5　　　　　　　　图12.6　　　　　　　　图12.7

图12.8　　　　　　　　图12.9　　　　　　　　图12.10

图12.11　　　　　　　　　图12.12　　　　　　　　　图12.13

任务2　牛

12.2.1　准备工具

裱花袋、剪刀、裱花台。

12.2.2　准备材料

打发的植脂奶油、蛋糕练习模、拉线膏、色素。

12.2.3　牛的制作步骤

①在蛋糕练习模表面，将花嘴倾斜，先挤出牛的臀部，如图12.14所示。

②花嘴向前拉伸挤出牛的胸部，如图12.15所示。

③在牛的颈部前挤出前腿，如图12.16所示。

④在牛的颈部上挤出头部，如图12.17所示。

⑤挤后腿和尾巴，如图12.18所示。

⑥挤出牛角，如图12.19所示。

⑦挤出牛的耳朵，如图12.20所示。

⑧花嘴轻贴脸部上端，挤出鼻子，如图12.21所示。

⑨用裱花袋刮出嘴巴形状，用黑色拉线膏画了牛蹄，如图12.22、图12.23所示。

⑩用黑色拉线膏画了牛的鼻孔，并画出嘴巴轮廓，如图12.24、图12.25所示。

⑪用黑色拉线膏拉出牛角轮廓及画出牛的眼睛，此时牛的制作完成，如图12.26—图12.28所示。

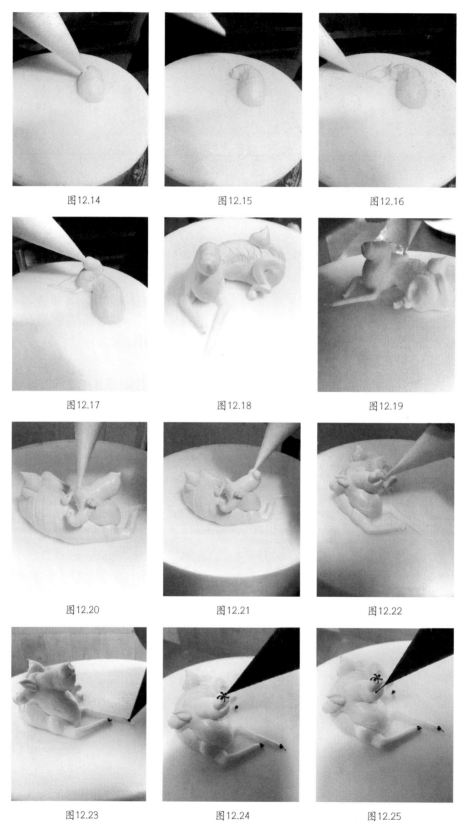

图12.14   图12.15   图12.16

图12.17   图12.18   图12.19

图12.20   图12.21   图12.22

图12.23   图12.24   图12.25

图12.26

图12.27

图12.28

任务3 虎

12.3.1 准备工具

裱花袋、剪刀、裱花台。

12.3.2 准备材料

打发的植脂奶油、蛋糕练习模、拉线膏、色素。

12.3.3 虎的制作步骤

①在蛋糕练习模上面，将花袋嘴倾斜，挤出虎的身体，如图12.29所示。

②花嘴向前拉伸，由粗到细地分别挤出左右膀臂，如图12.30所示。

③在臀部两侧向上、向后、再向前挤出后腿，如图12.31所示。

④在臀部后方拉出"S"形的尾巴，如图12.32所示。

⑤在虎的颈部前挤出圆形的头部，如图12.33所示。

⑥在虎的头部挤出耳朵，如图12.34所示。

⑦在头部中心的下方做出左右脸部肉球，制成腮帮，如图12.35所示。

⑧在腮帮上面挤出鼻梁，如图12.36所示。

⑨在腮帮和鼻梁下面做出嘴巴，如图12.37所示。

⑩在腮帮两旁拉出细线做成胡须，如图12.38所示。

⑪挤出虎的手指和脚趾，如图12.39所示。

⑫用黑色拉线膏裱勾画虎的指尖、耳朵轮廓、川字纹、眼睛点出鼻孔，如图12.40所示。

⑬用黑色拉线膏在虎头上面写出"王"字，并在虎背上画出虎纹，此时虎的制作完成，如图12.41—图12.43所示。

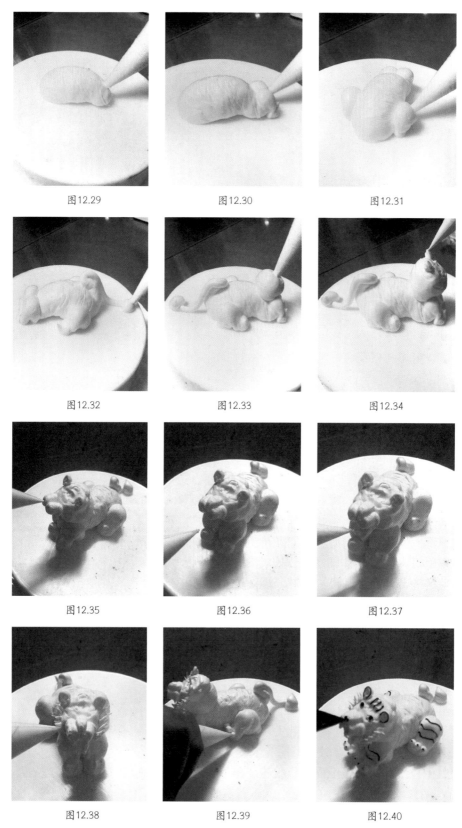

图 12.29

图 12.30

图 12.31

图 12.32

图 12.33

图 12.34

图 12.35

图 12.36

图 12.37

图 12.38

图 12.39

图 12.40

图12.41

图12.42

图12.43

任务4 兔

12.4.1 准备工具

裱花袋、剪刀、裱花台。

12.4.2 准备材料

打发的植脂奶油、蛋糕练习模、拉线膏、色素。

12.4.3 兔的制作步骤

①在蛋糕练习模表面，将花袋嘴向上挤出兔的身体，如图12.44所示。

②将花嘴插入奶油内，并在身体前侧挤出大腿，如图12.45所示。

③在接近颈部的身体前侧挤出小腿，如图12.46所示。

④在兔子的颈部前挤出圆形的头部，如图12.47所示。

⑤在头部挤出兔子向上翘的耳朵，两只耳朵呈倒"八"字形，如图12.48所示。

⑥在头部中心的下方做出左右脸部肉球并制作成腮部，在腮部中间挤出鼻子，如图12.49所示。

⑦在鼻子和腮部上面挤出眼睛，在鼻子和腮部下面挤出嘴巴，如图12.50所示。

⑧在腮部的两边分别挤出兔子的胡须，如图12.51所示。

⑨在兔子的手部挤出萝卜，如图12.52所示。

⑩挤出手指和脚趾，如图12.53所示。

⑪用黑色拉线膏裱出耳朵轮廓，继续用黑色巧克力细线裱出眉毛、眼睛等五官细节，此时兔的制作完成，如图12.54、图12.55所示。

图12.44   图12.45   图12.46

图12.47   图12.48   图12.49

图12.50   图12.51   图12.52

图12.53   图12.54   图12.55

任务5 龙

12.5.1 准备工具

裱花袋、剪刀、裱花台，裱花嘴（图12.56、图12.57）。

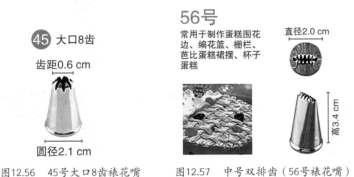

图12.56　45号大口8齿裱花嘴　　　图12.57　中号双排齿（56号裱花嘴）

12.5.2 准备材料

打发的植脂奶油、蛋糕练习模、拉线膏、色素。

12.5.3 龙的制作步骤

①在蛋糕练习模表面，将花袋嘴向上挤出圆形龙的头部，用巧克力片插入头部下端做龙的下嘴巴，如图12.58所示。

②在下嘴巴的巧克力片上挤上奶油，并挤出龙的牙齿，如图12.59、图12.60所示。

③用同样的方法做出龙的上嘴巴和牙齿，如图12.61、图12.62所示。

④在龙的头部挤出龙耳，如图12.63所示。

⑤在接近嘴巴前部挤出龙鼻，在嘴巴两侧，挤出龙须，如图12.64所示。

⑥用白色奶油以"细粗细"的手法做出"S"形的龙肚皮，并用长条形巧克力插入龙的头部，在巧克力上挤上奶油制成触角，如图12.65、图12.66所示。

⑦在龙肚皮的上方，用56号排嘴或45号齿嘴挤出黄色的龙鳞，如图12.67、图12.68所示。

⑧在龙的身体两侧挤出脚掌，如图12.69所示。

⑨在龙鳞的背部做出红色的龙刺，如图12.70所示。

⑩在龙尾处以"细粗细"的手法做出"S"形的红色尾巴，如图12.71所示。

⑪用黑色拉线膏裱出脚趾，如图12.72所示。

⑫继续用黑色巧克力细线裱出眉毛、眼睛等五官细节，如图12.73、图12.74所示。

⑬在龙头和触角上喷上黄色和紫色喷粉，此时龙的制作完成，如图12.75所示。

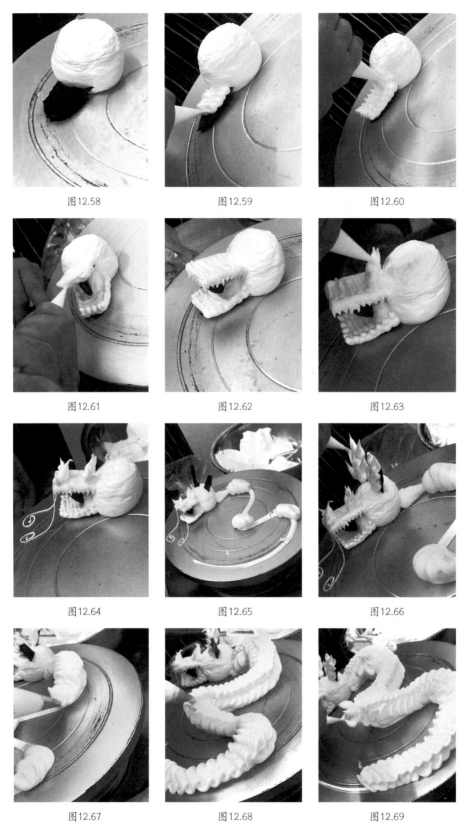

图12.58   图12.59   图12.60

图12.61   图12.62   图12.63

图12.64   图12.65   图12.66

图12.67   图12.68   图12.69

图12.70	图12.71	图12.72
图12.73	图12.74	图12.75

任务6 蛇

12.6.1 准备工具

裱花袋、剪刀、裱花台。

12.6.2 准备材料

打发的植脂奶油、做好小草花边的蛋糕、拉线膏、色素。

12.6.3 蛇的制作步骤

①在做好小草花边的蛋糕上面，用灰色奶油挤出由粗到细的"S"形尾巴，如图12.76所示。

②将裱花袋口放在"S"形尾巴粗的部位，袋口垂直向前、向上绕3圈挤出蛇的身体并顺势拉出头部和嘴形，如图12.77—图12.80所示。

③在蛇的头部用裱花袋挑出眼眶，如图12.81所示。

④在接近嘴巴的部位用裱花袋挑出嘴巴形状，如图12.82所示。

⑤用细线裱出嘴线，如图12.83所示。

⑥用红色奶油拉出蛇的舌头，如图12.84所示。

⑦用黑色拉线膏裱出眉毛和眼睛，如图12.85所示。

⑧用黑色拉线膏在身体上裱出蛇皮，此时蛇的制作完成，如图12.86、图12.87所示。

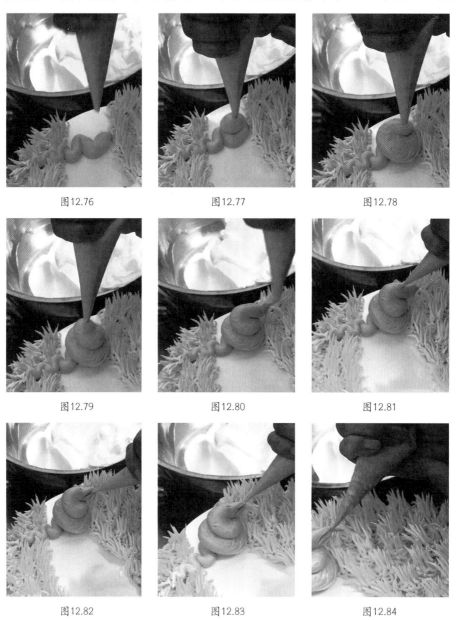

图12.76   图12.77   图12.78

图12.79   图12.80   图12.81

图12.82   图12.83   图12.84

图12.85   图12.86   图12.87

任务7 马

12.7.1 准备工具

裱花袋、剪刀、裱花台。

12.7.2 准备材料

打发的植脂奶油、做好小草花边的蛋糕、拉线膏、色素。

12.7.3 马的制作步骤

①在做好小草花边的蛋糕上面，将裱花袋口轻贴在蛋糕表面，倾斜挤出马的臀部，如图12.88所示。

②由臀部处向前挤出马的身体，如图12.89所示。

③将裱花袋口继续向上斜拉出马头，如图12.90所示。

④在身体前方将花嘴倾斜插入，挤出关节和前腿，如图12.91所示。

⑤在臀部下方由粗到细挤出关节和后腿，如图12.92所示。

⑥在臀部后方用细线向上叠起裱出马尾，如图12.93所示。

⑦在马的背部用细线裱挤出鬃毛，如图12.94、图12.95所示。

⑧用细线裱出双耳朵，如图12.96所示。

⑨把裱花袋口插入马头最前端，挤出马鼻子，并用裱花袋口刮出嘴巴，如图12.97所示。

⑩用黑色拉线膏裱出心形的马的四蹄，如图12.98所示。

⑪用黑色拉线膏画出嘴巴、耳朵及鼻孔的形状，如图12.99所示。

⑫用黑色拉线膏裱出眼睛，如图12.100所示。

⑬在马的鬃毛和马尾喷上黄色喷粉，一匹栩栩如生的骏马制作完成，如图12.101、图12.102所示。

图12.88

图12.89

图12.90

图12.91

图12.92

图12.93

图12.94

图12.95

图12.96

图12.97

图12.98

图12.99

图12.100

图12.101

图12.102

任务8 羊

12.8.1 准备工具

裱花袋、剪刀、裱花台。

12.8.2 准备材料

打发的植脂奶油、蛋糕练习模、拉线膏。

12.8.3 羊的制作步骤

①花嘴轻贴在蛋糕表面，倾斜做出臀部，顺势向前带出前胸挤出羊的身体，如图12.103所示。

②在臀部下方由粗到细地打圈挤出左后腿，如图12.104所示。

③将花嘴倾斜插入身体前方，挤出双前腿交叉状，如图12.105所示。

④在脖子上用裱花袋口拉出羊的头部，如图12.106所示。

⑤在臀部后方向上拉出尖尖的羊尾，如图12.107所示。

⑥裱出弯曲的羊角，如图12.108、图12.109所示。

⑦用细线裱出羊的两只耳朵，如图12.110所示。

⑧把花袋插入羊的两只耳朵中间挤出鼓起的额头，如图12.111所示。

⑨把裱花袋口插入羊头部的最前端，挤出羊鼻，如图12.112所示。

⑩用细线裱出羊的胡须，如图12.113、图12.114所示。

⑪用黑色拉线膏裱出羊角的纹路及耳朵的轮廓，如图12.115所示。

⑫用黑色拉线膏裱出眼睛，如图12.116所示。

⑬用黑色拉线膏画出羊蹄、嘴巴、鼻孔的形状，一只侧卧着的羊制作完毕，如图12.117所示。

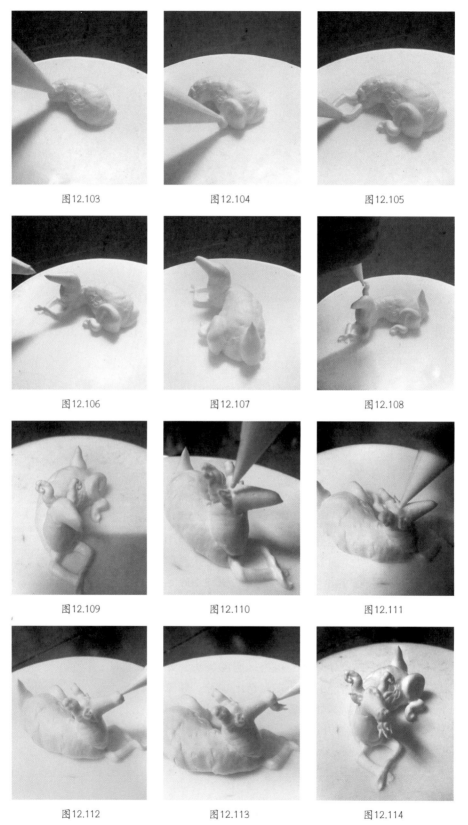

图12.103

图12.104

图12.105

图12.106

图12.107

图12.108

图12.109

图12.110

图12.111

图12.112

图12.113

图12.114

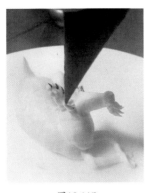
图12.115

图12.116

图12.117

任务9　猴

12.9.1　准备工具

裱花袋、剪刀、裱花台。

12.9.2　准备材料

打发的植脂奶油、蛋糕练习模、拉线膏。

12.9.3　猴的制作步骤

①花嘴轻贴在蛋糕表面，倾斜做出猴的臀部，如图12.118所示。

②顺势向前倾带出前胸，从而挤出猴的身体，如图12.119所示。

③在臀部下前方由粗到细挤出带关节的后腿，如图12.120所示。

④在身体前方将裱花袋口插入，挤出双前臂，如图12.121所示。

⑤使用裱花袋口在脖子处挤出猴的头部，如图12.122所示。

⑥在头部两侧将裱花袋口插入挤出圆球形奶油制成眼部，如图12.123所示。

⑦把裱花袋口插入猴的头部，在眼部下方向前挤出尖状的猴的脸形，如图12.124所示。

⑧用细线裱出猴的双耳朵轮廓，如图12.125所示。

⑨在头顶上挤出猴的毛发，如图12.126所示。

⑩用黑色拉线膏裱出猴的耳朵的轮廓，如图12.127所示。

⑪用黑色拉线膏裱出眼睛、鼻线和嘴巴轮廓，图12.128所示。

⑫在猴的双手中间挤出一个桃子，并挤上绿色叶子，如图12.129所示。

⑬挤出猴的手掌及脚掌，如图12.130所示。

⑭用黑色拉线膏点缀出手指及脚趾，此时猴制作完毕，如图12.131、图12.132所示。

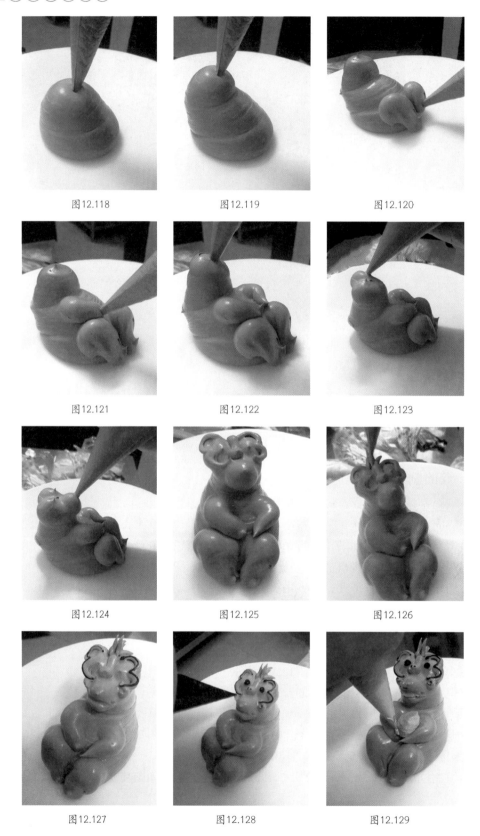

图12.118

图12.119

图12.120

图12.121

图12.122

图12.123

图12.124

图12.125

图12.126

图12.127

图12.128

图12.129

图12.130

图12.131

图12.132

任务10 鸡

12.10.1 准备工具

裱花袋、剪刀、裱花台。

12.10.2 准备材料

打发的植脂奶油、蛋糕练习模、拉线膏、粉红色素、黄色素。

12.10.3 鸡的制作步骤

①裱花袋装上白色的植脂奶油，用剪刀剪出小口。

②把裱花袋轻贴在蛋糕练习模上，倾斜拉出鸡的身体，尖的部位作为鸡的尾巴，如图12.133、图12.134所示。

③把裱花袋插入鸡的身体前胸位置（图12.134），拉出"S"形的鸡脖子和鸡头，如图12.135、图12.136所示。

④在头部顶端，用粉红色奶油挤出上鸡冠和下鸡冠，并做出鸡的上嘴壳，如图12.137、图12.138所示。

⑤在尾巴上，用黄色奶油以"细粗细"的方法挤出鸡的尾毛，如图12.139所示。

⑥用黄色奶油在前胸部两侧由粗到细向后挤出两只鸡翅膀，如图12.140所示。

⑦用黑色拉线膏裱出鸡的尾毛，并用粉红色奶油裱出鸡的下嘴壳，如图12.141所示。

⑧用黑色拉线膏裱出鸡的眼睛，如图12.142所示。

⑨用黑色拉线膏画出鸡脚及鸡爪，此时鸡的制作完毕，如图12.143、图12.144所示。

图12.133

图12.134

图12.135

图12.136

图12.137

图12.138

图12.139

图12.140

图12.141

图12.142

图12.143

图12.144

任务11 狗

12.11.1 准备工具

裱花袋、剪刀、裱花台。

12.11.2 准备材料

打发的植脂奶油、蛋糕练习模、拉线膏、黄色素。

12.11.3 狗的制作步骤

①裱花袋装上用黄色素的调好植脂奶油,用剪刀剪出小口。

②把裱花袋轻贴在蛋糕练习模上面,先稍向上再向下拉出狗的身体,挤时手的力度由重逐渐变轻,鲜奶油的出油量由多到少,如图12.145所示。

③把裱花袋插入狗身体前的颈部位置,挤出狗的前腿,如图12.146所示。

④裱花袋倾斜插入颈部,挤出狗的头部,如图12.147所示。

⑤将裱花袋插入狗的臀部侧面,向前向后再向下拉出后腿,如图12.148所示。

⑥在狗的臀部后方挤拉出尾巴,如图12.149所示。

⑦在狗的头部后方的两边将鲜奶油由细到粗向上翘,挤拉出狗的耳朵,如图12.150所示。

⑧在头部中心的下方,裱花袋倾斜插入左右脸部挤拉出肉球作为腮部,如图12.151所示。

⑨在腮部中间挤出鼻子,如图12.152所示。

⑩在鼻子和腮部上面挤出眼睛,如图12.153所示。

⑪在鼻子和腮部下面挤出嘴巴,挤出前脚趾,如图12.154所示。

⑫在后腿脚上挤上脚趾,如图12.155所示。

⑬用黑色拉线膏裱出脚趾和耳朵,如图12.156所示。

⑭用黑色拉线膏裱出眼眶和眼睛,如图12.157所示。

⑮用黑色拉线膏裱出鼻头和腮部、再细裱出嘴巴轮廓,如图12.158、图12.159所示。

⑯把狗的侧面旋转至适合位置(图12.160),在狗背上挤喷出白色细线,一只可爱的生肖狗制作完成,如图12.161、图12.162所示。

图12.145

图12.146

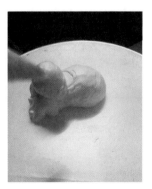

图12.147

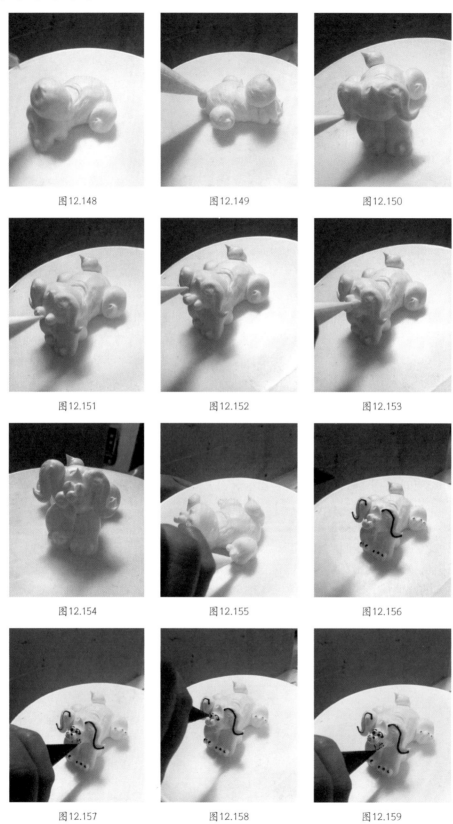

图12.148   图12.149   图12.150

图12.151   图12.152   图12.153

图12.154   图12.155   图12.156

图12.157   图12.158   图12.159

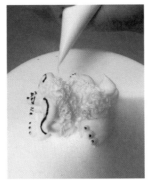

图12.160　　　　　　　　　图12.161　　　　　　　　　图12.162

任务12　猪

12.12.1　准备工具

裱花袋、剪刀、裱花台。

12.12.2　准备材料

打发的植脂奶油、蛋糕练习模、拉线膏、粉红色素。

12.12.3　猪的制作步骤

①裱花袋装上用粉红色素的调好植脂奶油，用剪刀剪出小口。

②把裱花袋轻贴在蛋糕练习模上面，倾斜向上拉出猪的身体，挤时手的力度由重逐渐变轻，鲜奶油的出油量由多到少，如图12.163所示。

③将花袋插入猪的身体前侧的奶油内挤出大腿，如图12.164所示。

④在接近颈部的身体前侧挤出小腿，如图12.165所示。

⑤在猪的颈部前挤出圆形的头部，如图12.166所示。

⑥在头部挤出猪的耳朵，耳朵形状向上翘，两只耳朵呈倒"八"字形，如图12.167—图12.169所示。

⑦在头部中心的下方做出左右脸部肉球，制成腮帮，如图12.170、图12.171所示。

⑧在两腮帮中间打圆圈挤出猪的鼻子，如图12.172所示。

⑨在鼻子下面挤出"V"形的猪嘴巴，如图12.173所示。

⑩挤出猪的4个脚趾，如图12.174、图12.175所示。

⑪用黑色拉线膏裱出猪的耳朵轮廓，继续用黑色巧克力细裱出眉毛、眼睛，如图12.176、图12.177所示。

⑫用黑色拉线膏裱出猪的鼻子、鼻孔、指甲和嘴巴，一头可爱的小胖猪制作完成，如图12.178—图12.180所示。

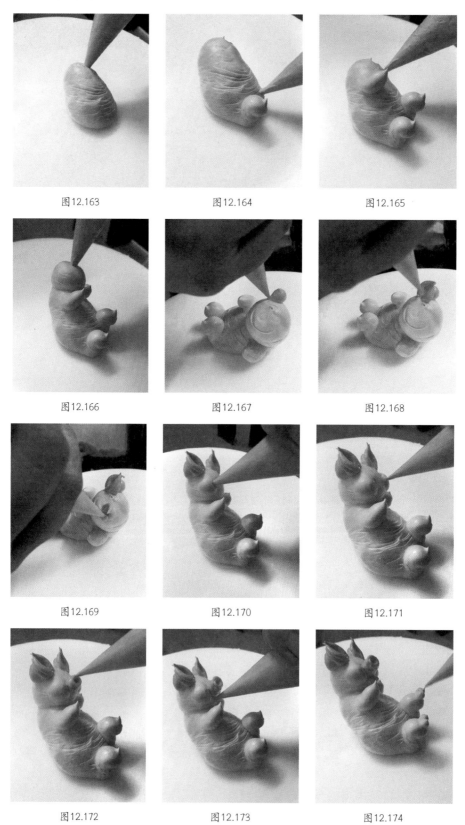

图12.163　　　　　　　图12.164　　　　　　　图12.165

图12.166　　　　　　　图12.167　　　　　　　图12.168

图12.169　　　　　　　图12.170　　　　　　　图12.171

图12.172　　　　　　　图12.173　　　　　　　图12.174

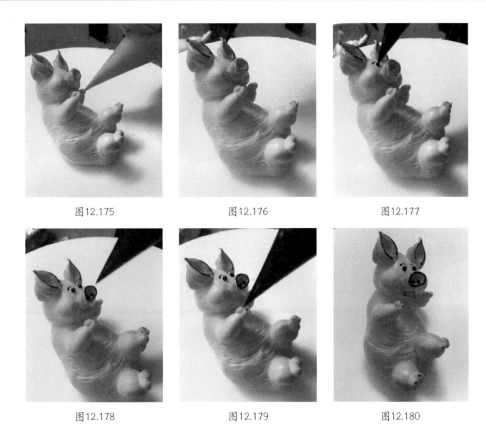

图12.175　　　　　图12.176　　　　　图12.177

图12.178　　　　　图12.179　　　　　图12.180

任务13　裱动物的注意事项及技术要领

①动物的头部、身体、手脚要连接得当。

②动物脸部的表情要配合身体的肢体语言。

③眼睛的点缀，要先画出眼圈，再把眼珠点在眼圈的一边，才会有转动眼珠的感觉，令动物神情更生动。

④宜选用软硬度适中的奶油。

参考文献

[1] 王森. 蛋糕裱花基础（升级版）上册[M]. 北京：中国轻工业出版社，2017.

[2] 黎国雄. 新编裱花基础教程[M]. 杭州：浙江科学技术出版社，2012.

[3] 王森. 蛋糕裱花基础（升级版）下册[M]. 北京：中国轻工业出版社，2017.

[4] 王森，张婷. 蛋糕装饰构图与设计[M]. 北京：化学工业出版社，2009.

[5] 黎国雄. 裱花基础教程[M]. 广州：广东经济出版社，2009.